前　言

　　党的二十大报告指出："办好人民满意的教育。教育是国之大计、党之大计。培养什么人、怎样培养人、为谁培养人是教育的根本问题。""统筹职业教育、高等教育、继续教育协同创新，推进职普融通、产教融合、科教融汇，优化职业教育类型定位。加强基础学科、新兴学科、交叉学科建设，加快建设中国特色、世界一流的大学和优势学科。"

　　在此背景下，也在当今新媒体蓬勃发展的时代环境下，动态视觉设计越来越受到职业教育的重视。MG动画作为一种生动有趣的视觉表现形式，在当今数字时代得到越来越广泛的应用。它可以将复杂的信息以简单直观的方式呈现给观众，在宣传、教育、娱乐等领域都有着广泛的应用。

　　本书作为一本MG动画的相关基础案例教程，从案例设计的角度出发，先易后难，层层深入，较为符合学生的学习思维习惯，可以使学生快速入门。本书建议分配学时为68学时，并以AE（After Effects）软件为操作平台，设置了六个项目。在本书的编写过程中，我们参考了大量的文献和资料，同时结合了我们在MG动画领域的实践经验，力求将理论与实践相结合，使读者能够更好地掌握MG动画的制作方法和技巧。

　　感谢参与本书编写的各位专家和作者，特别感谢绍兴市翔宇动画设计有限公司、浙江俊杰文化传媒有限公司对本书的大力支持，同时参与编写本书的作者还有洪艺瑄、金小媛、李露凝、李依依、胡洁、赵丽婷、杨雨萌、董雨婷、杨凯祺，在此一并表示感谢。

　　最后，竭诚希望广大读者对本书提出宝贵意见，以促使我们不断改进。由于时间和编者水平有限，书中的疏漏之处在所难免，敬请广大读者批评指正。

编者

2023 年 10 月

项目一
MG 动画概述

📖 导语

　　随着新媒体技术的不断发展，传统纸质媒体进入全新的屏幕化的数字媒体时代，动态视觉设计越来越受到业界重视；MG 动画融合了平面视觉和动画设计的基因，以简洁的图像和色彩搭配向受众传达最直观的信息，其设计表现的多样性和包容性受到了众多设计师和爱好者的青睐。

　　本项目主要介绍了 MG 动画的行业起源、现状，并对 MG 动画风格分类、设计原则等进行了分析；其目的是让学生对 MG 动画有深入的了解，帮助学生更好地适应后面项目案例的学习。

📑 项目导引

学习目标	1. 了解什么是 MG 动画； 2. 了解 MG 动画和传统动画的区别； 3. 了解 MG 动画的行业起源和现状； 4. 熟悉 MG 动画的风格分类； 5. 熟悉 MG 动画的设计原则。
训练项目	无

🖥 建议学时

　　4 学时。

任务一 初识 MG 动画

 学习目标

> 1. 了解什么是 MG 动画。
> 2. 了解 MG 动画和传统动画的区别。
> 3. 了解 MG 动画和 Flash 动画的区别。

 思政目标

> 1. 以社会主义核心价值观为引领，提升学生对国家的文化自信。
> 2. 培养学生的自主学习能力。
> 3. 提升学生的逻辑思维和表达能力。

 相关知识

一、MG 动画的定义

MG（motion graphics）动画为动态图形或图形动画，是指随时间流动而改变形态的图形，是一种融合动画电影与图形设计的语言，基于时间流动而设计的视觉表现形式。动态图形是影像艺术的一种。简单地来说，动态图形可以解释为会动的图形设计，它融合了平面设计、动画设计和电影语言，表现形式丰富多样，具有极强的包容性，能和各种表现形式以及艺术风格混搭。动态图形的主要应用领域集中在节目频道包装、电影电视片头、商业广告、MV（音乐短片）、现场舞台屏幕、互动装置等。

知识讲解 1-1

动态图形是居于平面设计与动画片之间的一种产物，动态图形在视觉表现上使用的是基于平面设计的规则，在技术上使用的是动画制作手段。

相较于传统的平面设计主要是针对平面媒介的静态视觉表现，动态图形是在平面设计的基础上制作一段以动态影像为基础的视觉符号。

动态图形相较于动画的不同之处就好像平面设计之于漫画，即使同样是在平面媒介来表现，但不同的是，一个是设计视觉的表现形式，而另一个则是叙事性地运用图像来为内容服务。

传统的平面设计主要是平面媒介相对静态的视觉表现，MG 动画则是在平面设计的基础上制作的影像视觉符号。

随着动画产业与技术的飞快发展，不管是现代企业还是传统企业，都比较青睐用 MG 动画来作为宣传推广的方式。

二、MG 动画和传统二维动画

MG 动画和传统二维动画最大的区别，就是传统动画是通过塑造角色赋予角色灵魂，从而来讲述一段故事。而 MG 动画则是将文字、图形等信息"动画化"，从而达到更好传递信息的效果。虽然 MG 动画有时候也会出现角色，但这个角色不会是重点，只是为表现一个信息而服务。

MG 动画不等同于传统二维动画，这两者的概念不能混淆。MG 动画是一种表现形式的概念；二维动画是属于动画制作上平面的呈现手法。

MG 动画可以是传统二维动画，也可以是三维（3D）动画，还可以二维动画结合三维动画呈现，二维动画指的只是二维平面的动画。但 MG 动画一般以二维动画形式出现的居多，因为 MG 动画作为动态图形，主要是借助二维平面设计的点、线、面结合的方式来制作动态效果和传递内容信息的。

三维的 MG 动画相对来说会比较少见，主要是把平面设计与三维技术相结合，更加强调空间立体感，因此二维 MG 动画和三维 MG 动画最主要的区别体现在空间维度、视觉效果和制作工具上。

三、MG 动画和 Flash 动画

Flash 动画制作起来耗时较长，动画结构一般都有剧情铺垫，现如今，Flash 软件主要应用在 Flash 游戏和影视动画中，软件的专业性越来越强；使用 Flash 软件制作动画需要一定的动画运动规律基础。而 MG 动画则源于电影的片头动画，画面随着片头文案变化呈现，直到近年才开始在世界各地流行，原因在于 MG 动画的表现形式多变、多样化，可以一开始就直奔主题阐述内容，画面只要随着文案内容变化呈现，便可以起到很好的宣传效果，甚至可以不需要解说词，只靠一曲纯音乐搭配画面的一些点、线、几何图就把内容表现出来。

任务二　MG 动画的行业起源和现状

学习目标

1. 了解 MG 动画的行业起源。

2. 熟悉 MG 动画的行业现状。

 思政目标

1. 以大国工匠精神为引领，培养学生正确的世界观、人生观和价值观。
2. 培养学生的自主学习能力。
3. 提升学生的逻辑思维和表达能力。

 相关知识

一、MG 动画的行业起源

知识讲解 1-2

最早 MG 动画被运用在电影的片头或者片尾，最开始是制片方嫌弃一些字幕太僵硬，就把这些字幕做点飞来飞去的动画，后来发展到干脆做个片头短片或者片尾短片，这就是 MG 动画的起源。

1960 年，美国动画师约翰·惠特尼（John Whitney）创立了一家名为 Motion Graphics 的公司，首次使用术语"motion graphics"，并使用机械模拟计算机技术制作电影、电视片头及广告，他最著名的作品之一是 1958 年和设计师索尔·巴斯（Saul Bass）合作为希区柯克电影《迷魂记》（*Vertigo*）制作的片头。

20 世纪 80 年代，随着彩色电视和有线电视技术的兴起，越来越多的小型电视频道开始出现，为了区分于三大有线电视网络的固有形象，后起的电视频道纷纷使用动态图形作为树立形象的宣传手段。

随着动态图形艺术的风靡，美国三大有线电视网络 ABC、CBS 和 NBC 率先应用动态图形，不过当时的动态图形只是作为企业标识出现，而不是创意与灵感的表达。

除了有线电视的普及，电子游戏、录像带以及各种电子媒体的不断发展所产生的需求也为动态图形设计师创造了更多的就业机会。

20 世纪 90 年代之后，影响力最为广泛的动态图形师基利·库柏（Kyle Cooper），他将印刷设计的手法应用在动态图形设计中，从而把传统设计与新的数字技术结合在一起。他参与设计过的电影、电视剧片头多达 150 部以上。

基利·库柏在 1995 年为大卫·芬奇（David Fincher）导演的电影《七宗罪》（*Seven*）所设计的片头最具代表性；此外，还有著名的谍战影片"007"（詹姆斯·邦德）系列。

随着科学技术的进步，动态图形的发展日新月异。20 世纪 90 年代初，大部分设计师只能在价值高昂的专业工作站上开展工作。随着电脑技术的进步和众多软件开发厂商在个人电脑系统平台的软件开发，到了 20 世纪 90 年代中期，很多的 CG（计算机图形）工作任务从模拟工作站转向数字电脑，这期间出现了越来越多的独立设计师，快速地推动了 CG 艺术的进步。数码影像技术革命性的发展，将动态图形推到了一个新的高点。

如今，动态图形在播放媒体上随处可见。大众对 MG 动画的刻板印象是 AE 或者 C4D 制作的"搞笑的配音 + 科普知识 + 动画表现"的短视频。但一个动态 GIF（图像互换格式），可能是一个动态 PPT，或者是一个节目开场，也可以是 MG 动画。

二、MG 动画的行业现状

MG 动画在国内的系统性发展不到 10 年的时间。首先，MG 动画属于影视行业的细分行业，具备相当的市场份额。MG 动画行业现在的报价，高的可高达每分钟数万元，但低价的可能仅每分钟几百元。MG 动画行业同时也属于设计行业，随着设计行业人员的增多、受众审美意识的提升、软件使用门槛的降低，市场竞争也越来越大。设计师个人的素质和影响力对 MG 动画作品的定价与定位影响都较大。

任务三　MG 动画的风格分类

学习目标

1. 熟悉 MG 动画的主要风格分类。
2. 熟悉 MG 动画各种风格的特点。

思政目标

1. 以大国工匠精神为引领，培养学生正确的世界观、人生观和价值观。
2. 培养学生的自主学习能力。
3. 通过对 MG 动画风格的分析，提升学生的艺术修养。

相关知识

随着市场需求的不断扩大，MG 动画逐渐在各个领域被广泛应用。MG 动画因更具想象力、轻松幽默的视频风格更适合网络在线推广。广告、短视频，甚至是企业宣传片，都乐于选用 MG 动画的形式进行概念的表达。因此，MG 动画制作已经成为展示互联网产品的重要方式之一。

接下来简单介绍 MG 动画的主要风格和相关特点。

一、MBE 风格

MBE 风格是以法国的设计师 MBE 命名的风格。MBE 于 2015 年年底在 Dribbble 网站上最先发布了这种风格的作品，红遍了全世界，所以这种风格以 MBE 命名。这种风格的 MG 动画是在扁平化的潮流中逐渐演变而来的，不少像爱奇艺、优酷一类的大厂都将 App 的开屏画面设计成 MBE 风格。MBE 风格的主要特点如下。

（1）带有断点的描边、线条且粗细适宜。

（2）在配色上会尽量遵循统一的规则，少有跳脱随性的配色，整体上给人的感觉是清晰而富有规律的。

（3）图形都有一定程度的溢出效果。

（4）多采用较为简单的图形，如圆形、圆角矩形、矩形、花瓣形状等。

二、扁平化风格

扁平化的概念中心是精约却不简略。这种风格是平时我们能见到最多的 MG 动画风格，扁平化除了用于动画方面以外，还应用于平面设计、手机 UI（用户界面）、网站设计等多个行业。

扁平化风格大概是在 2008 年由谷歌提出，也是 MG 动画的首要风格特征。

扁平化风格的主要特点如下。

（1）用极简的造型表现出人物的特点，简化一切元素，使画面更直观、更具设计感。

（2）通过图形的拼接打造共性中的个性。

（3）配色上使用对比强烈的纯色进行搭配，来营造视觉上的张力，去弥补造型上的单薄。

三、插画风格

插画风格的 MG 动画是以插画的形式制作动态的效果。通行于国外市场的商业插画适合出版物配图、影视海报、卡通吉祥物、游戏人物设定及游戏内置的美术场景设计、漫画、广告、绘本、装饰画、包装等多种应用场景。它与一般 MG 动画的制作原理相同，不过在原画设计和动态设计中相对复杂。这种风格最大的难度就是在于前期的原画设计，每个镜头都是按照插画级别制作，且原画还要考虑到后期的动画制作。

插画风格的主要特点有：①更注重画面肌理效果。②更具观赏性和艺术性。

四、线条风格

线条风格的最经典的例子是 2013 年秋天苹果 iOS 7 大会上发布的 Designed by Apple in California 点、线创意视频。

这种以优雅的点、线、面，简洁的黑白灰，搭配柔和配乐的片子，一出现就被 MG 动画设计师争相模仿，优雅的点、线、面，简单的黑白灰，以及轻柔的配乐，将简约发挥到了极致，开创了极简 MG 动画风格的先河。

线条风格的主要特点有：①依靠点、线、面支撑起一部动画，属于比较抽象的画面呈现。②在色彩上的应用偏向于黑、白、灰、蓝等商业感较强的颜色。

五、点线科技风格

这种风格严格意义来说就是线条风格的加强版，它和普通的线条风格相比，融入更多的具象化的东西，不过主画面还是以科技感线条为主，视觉冲击力强，同样适合现场发布会和开幕式使用。

以上就是 MG 动画较常见的几种风格。

MG 动画风格并不是单一、确定的。其会因为受众需求、方案、想法等因素出现画风改动，甚至这些风格还可以进行混搭，也会产生相当不错的效果。

任务四　MG 动画的设计原则

 学习目标

1. 熟悉 MG 动画形态设计的基本原则。
2. 了解 MG 动画分镜头设计原则。
3. 熟悉 MG 动画色彩构成原则。

 思政目标

1. 以职业为引领，传承和发扬工匠精神。
2. 通过对 MG 动画的设计原则分析，激发学生对职业的热情，引导学生热爱祖国、服务社会。

3. 提高学生的自主学习能力。

 相关知识

一、MG 动画形态设计的基本原则

MG 动画以概括的线条描边、单纯的色彩、简约但富有创意的设计为主要元素，设计风格对设计者自身的功底要求很高，不仅需要设计者有深厚的概括绘画功底，而且需要设计师有很好的设计软件使用基础。

知识讲解 1-4

在看似简单的小插图中，准确地勾勒出图形的线条和添加适合的颜色，往往是异常艰难的，因此在制作初期很有必要确立整体风格，对形态设计有一个明确的概念。

MG 动画形态设计的基本原则如下。

（一）MG 动画的角色设计、场景设计要简单、明确

MG 动画作为兴起于互联网的一种新型动画形式，其制作的核心就是在有限的时间里直击内容，它不像二维动画需要有精致的角色造型和背景，这样在制作上不但节约了成本和时间，还能产生较低的网络流量。

（二）动画运动原理应用要精炼、简洁

MG 动画遵循的是图形动画化原则，而非赋予灵魂的 "animation"，重点是追求动态运动中的节奏感，因此在动画运动时减少了复杂的运动，增强主体运动的表现力。

（三）画面构图应遵循动态设计构成原则

结构简单的图形在形态上容易被识别，只有正确掌握动态构成中的形式美法则，才能把杂乱无章的构成要素整合到统一的形式表现中，比如对齐、均衡、统一、节奏、韵律等。

二、MG 动画分镜头设计原则

分镜头的设计决定着动画片的整体风格，影响到动画片的流畅性，关乎动画片的视听节奏。前期做好分镜头工作，有助于后期工作的有序进行。

分镜头脚本设计不仅仅是简单描述动作和事件的外貌，同时必须有一条根本、能推动事件发展的内在逻辑线索。

知识讲解 1-5

分镜头应该是最终的成片的预览小样，设计者除了要构思每个镜头的构架外，还必须考虑到时间分配的比例，即每一个镜头应该分配的时间，包括每个镜头的时间长度、镜头中动作时间的长度。

此外，设计者还要考虑镜头之间的连接关系与转换关系等。在画面分镜头的编排过程中，允许改编原有剧本的某些内容，一旦进入制作阶段，就必须严格按照画面分镜头上的各项指标创作。

MG 动画分镜头设计原则如下。

（一）收集大量相关资料

分镜头脚本是动画作品的总体结构框架，其中的各个要素对动画影片的视觉化形象、制作指导和后期剪辑特效等均可提供可靠的依据。分镜头脚本最基本的构成要素就是角色造型设计和场景设计，在进行分镜创作前，必须收集大量的相关资料，做好充分的准备工作。

（二）明确风格模式

风格模式并不依附于动画的叙事结构和非叙事结构，其本身就会吸引观众的注意。而作为设计者，要做的就是必须找出风格在动画整体形式中所扮演的角色。

镜头的运动可以用来揭露故事信息，制造悬念效果；不连续的剪辑是为了产生故事的全知观点；而镜头的安排组织是要让观众注意画面中的个别细节；音乐和噪声的使用是为了制造影片惊奇的效果。而风格模式可以加强动画中的情绪和情感效用，同时能帮助影片产生深刻的意义。

（三）合理运用镜头

动画与电影的艺术表现手法非常相似，都是通过一个个镜头衔接来表达完整的故事，镜头中的内容体现着设计者的意图。

在动画创作中，动画镜头具有重要的作用，镜头将动画的故事发展情节以及节奏完美地表现出来，通过电影镜头语言，可以更加生动地表现动画的艺术视觉化效果。

（四）分镜中的镜头表达

景别的设计和镜头运动的设定都会对动画起到非常重要的作用，不同的景别在人的心理情感上会产生不同的感受，近的景别的使用可以使观众在想要看清楚内容的时候得到肯定的答案，而远景和全景又往往能够起到宏观的描述作用，突出表现对象，使其成为视觉中心。

三、MG 动画色彩构成原则

色彩构成，即色彩的相互作用，是从人对色彩的感知出发，用科学分析的方法，把复杂的色彩还原成基本的要素，利用色彩在空间、量和质的可变换性，按照一定的规律去组合构成色彩之间的相互关系，再创造出新的色彩效果的过程。

知识讲解 1-6

色彩构成是一个比较系统和完整认识色彩的理论，因此掌握色彩搭配是一个需要长期积累经验及审美能力的过程。

MG 动画的色彩搭配原则如下。

（一）色彩扁平化

MG 动画最主要的一个特点就是扁平化。扁平化有点类似极简主义，同样是追求简洁、简约。不同的是，扁平化设计是一项运用简单效果或者是刻意采用一个不使用三维效果的设计方案。

在进行扁平化设计时，不局限于某种色彩基调，可以使用任何一种色彩。但传统的色彩法则并不适用，可以尝试利用纯色，采用复古风格或者是同类色系进行设计。

（二）更少用色

万物皆有色彩。在 MG 动画设计中，如果每个元素都按照"原本"的颜色去搭配，最后呈现的作品效果可能不是"五彩斑斓"，而是眼花缭乱。如果对色彩搭配不是很在行，建议先使用少量的颜色，用更少的色彩去设计，这样并不会降低视觉效果。

（三）同色系配色

在 MG 动画设计中，同色系配色正迅速成为一种流行趋势。将同色系颜色应用到背景等辅助元素上，不仅可以统一镜头颜色，还可以突出主体。

与更少用色大体相同，如果遇到画面中元素众多的情况，要么使用更少的颜色，要么遵循同色系配色的原则。这能在一定程度上平衡画面，避免众多的元素色彩凌乱堆砌在一起的情况。

（四）营造光照感

"灯光"在三维制作上很常见，而许多二维 MG 动画并没有"光照"概念。抛开非抽象的动态 ICON（图形标志）元素不说，如果是一个具体的场景，那么就非常适合营造光照感了，光感就是空间感，光感也能增强色彩的冷暖对比，让画面更具可读性和记忆感，视觉上也能更好地聚焦。

营造光照感的三个重要因素分别是颜色、高光与阴影。

应当关注光照对主体颜色的影响，选择合适的高光与阴影。可以选择与光源匹配的高光，以及进行适当的暗部处理，同时可以为主体物的轮廓添加一些环境光色彩，这样能为抽象简洁的 MG 动画增加细节精致感，不至于让画面看起来只是一堆不相关的图片拼凑在一起。

项目二
After Effects MG 动画基础案例

导语

　　MG 动画是基于时间流动而设计的视觉表现形式，常用于栏目频道包装、电视电影片头片尾、广告、MV 等。其制作原理是将平面设计加入动态效果，让图形按照一定的规律运动起来，从而实现一种新形式的视觉传播效果。

　　本项目从 After Effects 工作界面、工作流程、图层的类型与时间轴的控制、蒙版与轨道遮罩制作技巧、父子级关联与路径动画制作技巧、3D 图层与摄像机制作技巧、图表编辑器与常用表达式制作技巧这七个方面讲解 After Effects 软件的基本操作，剖析 MG 动画的制作技巧。

项目导引

学习目标	1. 熟悉 After Effects 工作界面； 2. 掌握图层和关键帧创建方法和用途； 3. 掌握蒙版轨道遮罩的使用方法； 4. 掌握 3D 图层和摄像机的操作方式； 5. 了解表达式的运用。
训练项目	1. "文本+纯色层动画"案例制作； 2. "时钟动画"案例制作； 3. "形状动画"案例制作； 4. "车辆超车动画"案例制作； 5. "蒙版路径动画：制作扫光文字效果"案例制作； 6. "电池充电动画"案例制作； 7. "进度条滚动"案例制作； 8. "路径形状动画"案例制作； 9. "三维盒子"案例制作； 10. "旋转的方块"案例制作。

 建议学时

12 学时。

任务一　After Effects 工作界面

 学习目标

1. 熟悉 After Effects 的工作界面。
2. 了解 After Effects 的菜单。
3. 了解 After Effects 的工具。
4. 掌握 After Effects 中素材导入的方法。

 思政目标

1. 弘扬优秀传统文化，增强文化自信。
2. 培养审美感知能力，提升审美鉴赏能力。

相关知识

After Effects 简称"AE"，是 Adobe 公司开发的一款影视后期特效制作软件，可以与众多的二维软件和三维软件无缝衔接，在影视传媒行业中被广泛使用，也是制作 MG 动画最重要的一个工具。

首先来了解 After Effects 的整个页面布局。

启动 After Effects 软件，界面中写着初始化的一些插件和预设，为之后制作 MG 动画做准备，如图 2-1 所示。

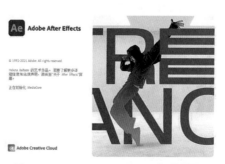

图 2-1　Adobe After Effects 加载界面

打开 After Effects 软件，可以发现界面十分干净，与其他 Adobe 公司旗下的软件界面相似，整体呈暗色调风格。

After Effects 软件的界面由五个部分组成，分别是菜单栏、工具栏、项目窗口、合成窗口和时间轴窗口，如图 2-2 所示。

图 2-2　After Effects 工作界面

一、菜单栏

After Effects 菜单栏中有 9 个菜单，包含文件、编辑、合成、图层、效果、动画、视图、窗口和帮助，它的功能命令贯穿整个 After Effects 的制作流程，如图 2-3 所示。

文件(F)　编辑(E)　合成(C)　图层(L)　效果(T)　动画(A)　视图(V)　窗口　帮助(H)

图 2-3　After Effects 菜单栏

▲ 文件：针对素材和文件的一些基础操作，如新建项目、打开项目、导入素材等。
▲ 编辑：常用的编辑命令，如复制、粘贴、撤销等。
▲ 合成：针对合成的基本操作，如新建合成、合成设置等。
▲ 图层：与图层相关的命令，如新建图层、图层设置、蒙版、变换等。
▲ 效果：包含了所有的 AE 特效滤镜。
▲ 动画：用于设置关键帧以及运动关键帧。
▲ 视图：设置视图的展现方式。
▲ 窗口：可以打开或者关闭面板，也可以设置工作区。
▲ 帮助：浏览软件使用帮助、登录 Adobe 账户、更新等。

二、工具栏

工具栏置于菜单栏下方，包含选取工具、手形工具、缩放工具、旋转工具、向后

平移（锚点）工具、钢笔工具、横 / 竖排文字工具、仿制图章工具、橡皮擦工具等。此
窗口所发挥的作用对制作 MG 动画起着至关重要的作用，如图 2-4 所示。

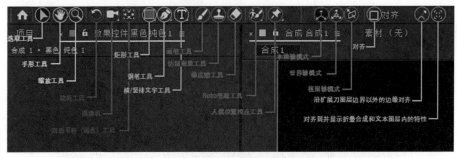

图 2-4　After Effects 工具栏

▲ 选取工具（V）：选取 / 移动 / 缩放对象。

▲ 手形工具（H）：移动画布。

▲ 缩放工具（Z）：放大 / 缩小预览画面。

▲ 旋转工具（W）：旋转画面。

▲ 向后平移（锚点）工具（Y）：移动锚点。

▲ 对齐：相互对齐图层特性。

▲ 矩形工具（Q）：绘制规则形状。

▲ 钢笔工具（G）：绘制不规则形状。

▲ 横 / 竖排文字工具（Ctrl+T 组合键）：横 / 竖排添加文本内容。

▲ 画笔工具（Ctrl+B 组合键）：绘制图像。

▲ 仿制图章工具（Ctrl+B 组合键）：复制图像。

▲ 橡皮擦工具（Ctrl+B 组合键）：擦除图像。

▲ Roto 笔刷工具：快速选择图像，常用于抠像。

▲ 人偶位置控点工具（Ctrl+P 组合键）：对图像关键位置进行“打点”、自由变形。

由于 After Effects 版本的不同，工具栏中会多出三个图标，分别为绕光标旋转工具、
在光标下移动工具、向光标方向推拉镜头工具，这三个工具需要搭配摄像机一起使用。

▲ 绕光标旋转工具：摇镜头。

▲ 在光标下移动工具：移镜头。

▲ 向光标方向推拉镜头工具：推拉镜头。

三、项目窗口

项目窗口用于导入素材、整理素材以及合成的渲染输出，用户可以查看素材的尺
寸大小、持续时间和帧速率等信息，如图 2-5 所示。

图 2-5　After Effects 项目窗口

在 After Effects 中素材导入的方法多种多样，主要包含以下四种。

方法一：单击菜单栏—文件—导入，选择需要导入的素材。

方法二：利用快捷方式 Ctrl+I 组合键快速导入。

方法三：双击项目窗口空白处。

方法四：找到素材文件直接拖拽至面板中。

After Effects 软件不仅可以导入图片、视频、音频等文件，还可以导入 .psd 格式的文件以及序列素材。

四、合成窗口

导入 After Effects 中的素材能够在合成窗口中显示出来。当然，只有通过新建合成的方式才能在合成窗口显示素材。

在合成窗口的下方显示一排命令，包含放大率弹出式菜单、选择网格和参考线选项、当前时间、拍摄快照、显示通道及色彩管理设置、预览质量、选择视图布局等，如图 2-6 所示。

图 2-6　After Effects 合成窗口

五、时间轴窗口

时间轴窗口主要是对素材进行关键帧的添加和素材顺序排列等一系列处理，时间轴窗口可以分为两大部分：图层控制区域以及时间线区域，如图 2-7 所示。

图 2-7 After Effects 时间轴窗口

任务二 After Effects 的工作流程

 学习目标

1. 掌握 After Effects 的常用首选项的设置方法。
2. 掌握 After Effects 的导出设置。

 思政目标

1. 树立正确的价值观，弘扬工匠精神。
2. 培养服务意识，树立正确服务观念。

 相关知识

一、开始前的准备

启动 After Effects 软件，设置首选项。

单击菜单栏—编辑—首选项，选择常规会出现首选项的窗口，如图 2-8 所示。一般情况下，会对导入的静止素材和序列素材根据所需时长与帧数情况进行设置，在自动保存中设置保存时间，以防止设备停电或发生类似问题时可能造成的数据丢失。

图 2-8　After Effects 首选项

二、制作动画

导入素材，并且新建合成，将素材直接拖拽至时间轴窗口，根据需求对素材进行编辑和处理。

三、添加效果

为素材添加最终效果，在效果窗口中选择相应效果，为画面添加声音、包装等内容。

四、渲染导出

处理好素材后，单击菜单栏—文件—导出，选择添加到渲染队列，在渲染的区域，选择输出位置即可渲染，如图 2-9 所示。

图 2-9　After Effects 渲染队列

任务三　图层的类型与时间轴的控制

 学习目标

1. 掌握图层的创建方法。

2. 掌握图层的属性。

3. 掌握图层的基本操作。

4. 掌握素材的裁剪方式。

5. 掌握关键帧的创建和设置方法。

 思政目标

1. 树立正确的价值观，弘扬精益求精的精神。

2. 挖掘智慧潜能，引导创新思维。

 相关知识

众所周知，After Effects 是一款图层模式的合成软件，所以在操作的过程中主要是以图层样式来创造画面。

一、图层类型

在 After Effects 中，图层是构成合成的基本元素，图层类型较多。通过菜单栏，选择图层下方的新建，能够看到图层类型；在时间轴窗口空白处按住右键，选择新建也可以调出图层类型面板。

（一）文本

文本是用来创建文字的图层，它的主要功能就是输入文字。与此同时，可以设置文字的大小、字体、行距、对齐方式、颜色等。

（二）纯色层

在早期的版本中，纯色设置也称"固态层"，该图层用途广泛，也是我们在 After Effects 中最常用的图层之一。它既可以充当背景图层，也可以作为一种载体，承载 After Effects 菜单栏中"效果"所携带的特效或者效果插件。

（三）灯光

灯光层主要作用在 3D 图层 ，为画面起到照明的作用。灯光图层有四种灯光类型，分别为平行、聚光、点、环境，使用不同的灯光类型会有不同的效果。当然，灯光层也可以改变灯光照射的颜色、强度、角度等，从而使画面拥有层次感，如图 2-10 所示。

图 2-10 灯光设置

在合成窗口中，拖拽 X、Y、Z 轴上的锚点，可以直接调节灯光亮度，如图 2-11 所示。

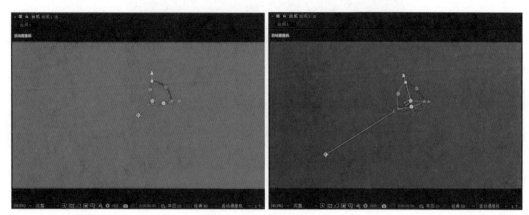

图 2-11　灯光亮度调节

（四）摄像机

摄像机图层是用来新建虚拟摄像机，配合使用工具栏中的"统一摄像机工具""轨道摄像机工具""跟踪 XY 摄像机工具""跟踪 Z 摄像机工具"等，通过摄像机推、拉、摇、移等镜头运动效果来观察或者制作我们所需的动画效果。此处需要注意的是，在使用摄像机的情况下，制作图层需要打开 3D 图层 ⬛ 开关，如图 2-12 所示。

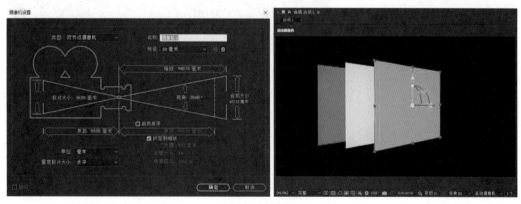

图 2-12　摄像机

（五）空对象

空对象在图层中的作用比较特殊，主要是辅助作用，用途也十分广泛。比如可以为它添加一些表达式（后续会详细解释），也可以把摄像机作为"子级"绑定空对象，通过空对象就可以改变摄像机的动画，这是在 After Effects 中最常用的手段之一，如图 2-13 所示。

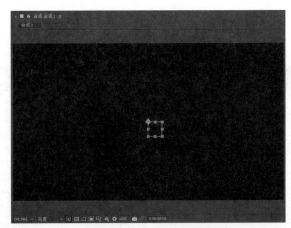

图 2-13　空对象

（六）形状图层

形状图层是制作 MG 动画的关键，主要通过形状工具或者钢笔工具绘制各种形状。形状图层还会给予其他额外的命令，如路径、描边、填充等，如图 2-14 所示。

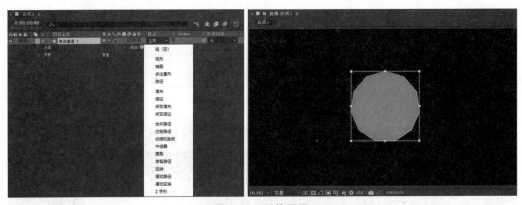

图 2-14　形状图层

（七）调整图层

调整图层的作用相对其他图层来说较为单一，就是对它下方的图层统一添加特效，当给一个调整图层添加特效时，调整图层下方的所有图层都会受到这个特效的影响。在使用时需要注意，一定要将调整图层放置到制作特效的所有图层之上，它们的尺寸也要相同，如图 2-15 所示。

图 2-15　调整图层

在不创建调整图层的情况下，也可以创建纯色层，打开纯色层的调整图层按钮，此时的纯色层就变成了调整图层，如图 2-16 所示。

图 2-16　打开调整图层

（八）Adobe Photoshop 文件

Adobe Photoshop 文件可以使图层转换为 Photoshop 使用的 .psd 格式，此层可以使 Adobe 公司生产的软件兼容性更强，在创建该图层时，会弹出一个存储窗口，让用户制定 PSD 文件的保存位置，并且在 Photoshop 软件中进行编辑操作。

当然，PSD 文件也可以直接导入 After Effects 中，由此形成两个软件的互联。

（九）MAXON CINEMA 4D 文件

在 After Effects 新版本中会有此项功能，它可以对 After Effects 和 CINEMA 4D 进行互动，从而优化操作。

二、时间轴的控制

在 After Effects 的操作过程中，大量的工作都是在时间轴窗口完成的，主要用于组接、编辑音频视频、修改素材参数、创建动画等。

时间轴窗口分为两大部分：图层控制区域和时间线区域，如图 2-17 所示。

图 2-17　时间轴窗口

（一）常用工具介绍

图层控制区域包括三个主要窗格区：展开或折叠"图层开关"窗格、展开或折叠"转换控制"窗格、展开或折叠"入点 / 出点 / 持续时间 / 伸缩"窗格，可由左下角 3 个按钮来决定显示或隐藏，如图 2-18 所示。

接下来，我们对图层控制区域中的图标展开介绍。

▲ 时间码：时间轴窗口左上角显示了当前时间指示器。SMPTE（电影电视工程师协会）规定的时间码标准格式是：时：分：秒：帧，如图 2-19 所示。

图 2-18　图层控制区域窗格区　　　　　　　图 2-19　时间码

▲ 搜索 ：能够快速查找素材，直接输入素材名称即可搜索。

▲ 合成微型流程图 ：为图层梳理层级关系，能够直观地找到需要的合成。

▲ 图表编辑器 ：必须有关键帧才可以使用，能够模拟真实的物理运动效果。

▲ 视频 ：显示或隐藏选中的图层。

▲ 音频 ：启用或关闭音频。

▲ 独奏 ：仅显示本图层，可开启多个，通常用于观察图层内容及加快动画渲染速度。

▲ 锁定 ：锁定图层，锁定后不能进行任何编辑操作，保护该图层不受影响。

▲ 标签 ：可以修改标签颜色，以此对图层进行区分或分类，还可以选择标签组。

▲ 序号 ：对图层进行编号，即图层序列号。

▲ 源名称 / 图层名称：图层的名称显示方式分为"源名称"和"图层名称"两种，在名称标题栏处单击可以切换。

▲ 消隐 ：暂时将图层隐藏，但在合成画面中仍然存在并起作用。（需要搭配图层控制区域右上方的"消隐"总开关使用。）

▲ 折叠变换 / 连续栅格化 ：如果图层是预合成，则为"折叠变换"，常称为"塌陷开关"。其主要作用是：启用后，能够保持合成内图层的所有属性。

▲ 质量和采样 ：在图层渲染品质的"最佳""草图"和"线框"选项中切换。

▲ 效果 ：启用或停用图层中的所有效果。

▲ 帧混合 ：指的是混合前后的帧画面，显示效果为运动重影。在放慢或加快视频速度时创建更平滑的运动，需要启用"帧混合"。

▲ 运动模糊 ：启用或禁用运动模糊。开启后，关键帧会更平滑、自然。（需要开启图层控制区域右上方的"运动模糊"总开关。）

▲ 调整图层 ：将图层设置为调整图层。

▲ 3D 图层 ：打开图层的 3D 开关。

▲ 模式：设置图层的混合模式。

▲ 保留基础透明度 ：开启后，将本图层作为下方所有图层的剪贴蒙版图层，即

本图层仅显示在下方图层的像素区域。

▲ 轨道遮罩 TrkMat ：以上一图层的 Alpha 通道或亮度通道来定义本图层的透明度信息。

▲ 父级和链接：通过"父级和链接"列中父级关联器 或下拉菜单来指定父级图层。若要解除父子关系，可在下拉菜单中选择"无"。

父子关系的特性如下。

（1）父子关系仅存在于图层之间，包括使用空对象作为父级，属性之间无法建立父子关系。

（2）一个图层只能有一个父级，但一个父级图层却可以有多个子级。

（3）父级影响除不透明度以外的所有变换属性，包括位置、缩放、旋转等，并且只能由父级单向影响子级。

▲ 入点 / 出点 / 持续时间 / 伸缩窗格。

入：修剪图层入点到指定时间。

出：修剪图层出点到指定时间。

持续时间：入点到出点的时间。

伸缩：当数值大于 100% 时为慢速；当数值小于 100% 时为快速；数值等于 100% 时，则为正常播放；数值等于 –100% 时为倒放。

（二）素材的剪辑

假设现在要裁切当前素材，单击当前的素材，按住 Alt 键加左括号"["进行入点的裁切，将当前时间指示器随意拖拽至合适的时间，按住 Alt 键加右括号"]"进行出点的裁切，裁切完后，后面部分就消失了，如图 2-20 所示。

图 2-20　素材裁切

当然也可以剪切当前的素材，类似于 PR（Adobe Premiere Pro）软件，对素材从标尺线当前位置进行切断，单击当前素材，将标尺线定到某个时间，可使用快捷键 Ctrl+Shift+D，此时这个视频文件就变成了两个视频文件，如图 2-21 所示。

图 2-21　素材剪切

注：在时间轴窗口操作时，使用快捷键更加利于画面的制作。

（三）关键帧

记录动画关键状态的帧被称为"关键帧"，要使画面有运动或者变化效果，至少要给出前后两个不同的关键状态。MG动画的制作就是通过属性的关键帧来实现的。除了音频图层外，其他每个图层都有一个变换属性组，包括锚点、位置、缩放、旋转和不透明度五个基本属性，可以单击属性前方的"码表" 给素材添加关键帧，再次单击"码表"，此时该属性中所有设置的关键帧都会被取消，如图2-22所示。

图2-22 变换属性

添加关键帧后，时间线区域就会出现菱形图案，即关键帧。选中该关键帧，可以给动画添加缓入、缓出、缓动效果，也可以设置关键帧速度等，使动画更加顺滑。

实训项目

一、课堂案例"文本＋纯色层动画"

案例完成稿2-1

案例讲解2-1

操作步骤：

（1）新建合成，大小为1 287×916，帧速率为25，持续时间为4秒，背景颜色为黑色，如图2-23所示。

图2-23 新建合成

（2）在时间轴窗口空白处右击新建两个不同纯色层，大小为 1 500×916，如图 2-24 所示。

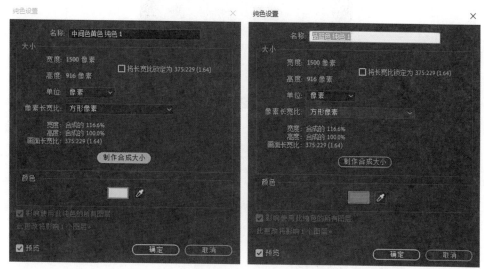

图 2-24　新建纯色层

（3）选中其中一个纯色层图层，单击纯色层前方的 ⟩ ，展开变换，设置位置和旋转参数至合适的位置，如图 2-25 所示。

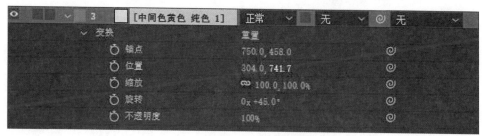

图 2-25　设置纯色层图层位置和旋转参数

（4）操作同上，设置另一个纯色层图层中的位置和旋转参数至合适的位置，如图 2-26 所示。

图 2-26　设置纯色层图层位置和旋转参数

（5）操作完成的背景效果，如图 2-27 所示。

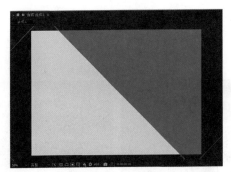

图 2-27　背景效果

（6）单击工具栏中的文本工具 T，输入文字，并在字符面板中设置字体、大小、间距等，最终效果如图 2-28 所示。

图 2-28　字符面板及最终效果

二、课堂案例"时钟动画"

操作步骤：

（1）创建合成 1 920×1 080，命名为"时钟"，时长为 10 秒，帧速率为 25 帧/秒，背景颜色为黑色，如图 2-29 所示。

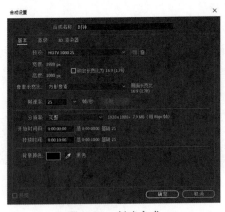

图 2-29　创建合成

（2）在工具栏中选择椭圆工具，绘制一个正圆形，设置描边，关闭填充，将图层名字命名为"表盘"，放置在正中央，如图 2-30 所示。

（3）在工具栏中选择椭圆工具，绘制一个正圆形，将填充设置为白色，关闭描边，将图层名字命名为"内芯"，放置在正中央，如图 2-31 所示。

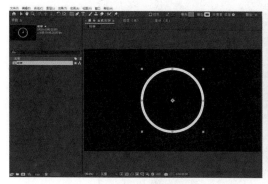
图 2-30　绘制"表盘"

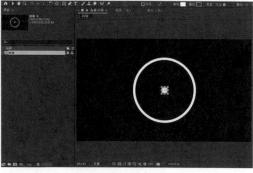
图 2-31　绘制"内芯"

（4）利用钢笔工具绘制"时钟刻度"，设置描边，关闭填充，把锚点放置在"内芯"中央，确保其他"时钟刻度"围绕"表盘"旋转，如图 2-32 所示。

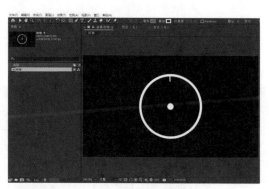
图 2-32　绘制"时钟刻度"

（5）将"时钟刻度"复制 7 份，展开"时钟刻度"，将旋转分别设置为 45°、90°、135°、180°、-45°、-90°、-135°，如图 2-33 所示。

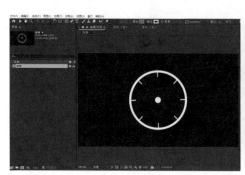

图 2-33　复制"时钟刻度"

（6）利用钢笔工具绘制"分针"和"时针"，将"分针"和"时针"的锚点放置在"内芯"中央，如图 2-34 所示。

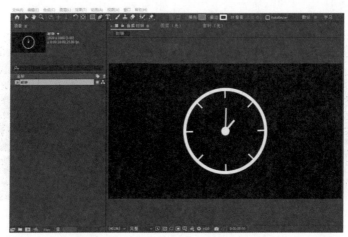

图 2-34 绘制时钟的"分针"和"时针"

（7）给"分针"和"时针"添加旋转关键帧动画，0 帧时旋转为 0x +0.0°，5 秒时，设置"分针"旋转走了一圈，"时针"轻微旋转，如图 2-35 所示。

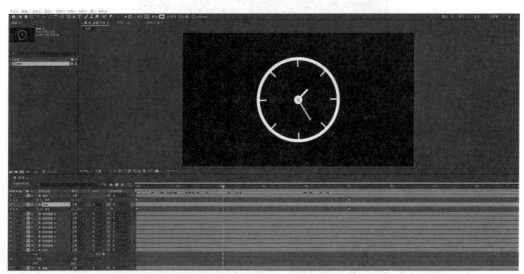

图 2-35 为"分针"和"时针"添加旋转关键帧动画

（8）将完成的动画输出为视频。使用快捷键 Ctrl+M，根据需求设置输出模块，选择输出到合适的位置，单击渲染。

三、课堂案例"形状动画"

操作步骤：

（1）创建合成 1 920×1 080，帧速率为 25 帧 / 秒，时长为 5 秒，背景颜色为黑色，如图 2-36 所示。

（2）新建纯色层，设置纯色层的颜色，如图 2-37 所示。

案例完成稿 2-3

案例讲解 2-3

图 2-36　创建合成

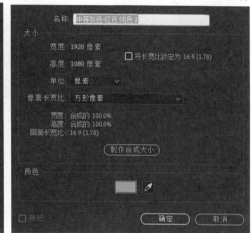

图 2-37　新建纯色层

（3）利用椭圆工具绘制圆形的形状图层，将图层命名为"圆形"，利用选择工具右击合成面板中圆形的边角点，单击"蒙版和形状路径"，选择"取消组合形状"，继续利用选择工具，右击合成面板中圆形的边角点，单击"蒙版和形状路径"，选择"转换为贝塞尔曲线路径"，并将"圆形"放置在合适的位置，如图 2-38 所示。

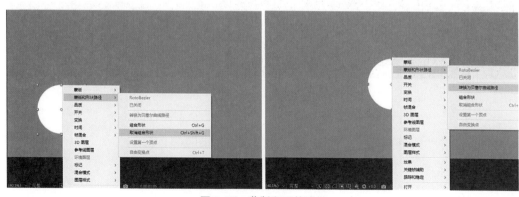

图 2-38　蒙版和形状路径

（4）利用矩形工具绘制矩形的形状图层，将图层命名为"矩形"，重复步骤（3）的操作，如图 2-39 所示。

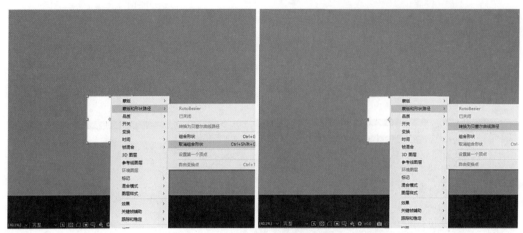

图 2-39　绘制矩形的形状图层

（5）展开"圆形"和"矩形"的内容，展开路径 1，在 0 秒时给路径添加关键帧，将时间线拖至 2 秒，把"圆形"0 秒的路径关键帧复制、粘贴到"矩形"2 秒的路径上，如图 2-40 所示。

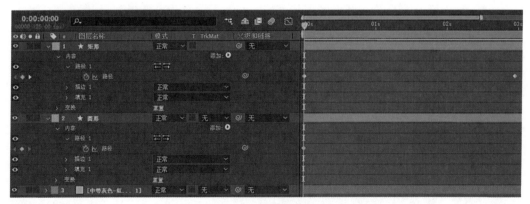

图 2-40　路径关键帧

（6）删除"圆形"图层，形状动画制作完成，如图 2-41 所示。

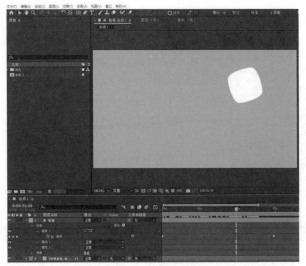

图 2-41　动画最终效果

四、课堂案例"车辆超车动画"

操作步骤：

（1）创建合成 1 920×1 080，帧速率为 25 帧 / 秒，时长为 10 秒，如图 2-42 所示。

图 2-42　创建合成

（2）导入素材"小红车"和"小黄车"，并拖拽至时间线面板中，如图 2-43 所示。

图 2-43　导入素材

（3）给"小红车"添加位置关键帧动画，0秒时在画面外，5秒时直线移动到右侧画面外，如图 2-44 所示。

图 2-44　位置关键帧动画

（4）给"小黄车"添加位置关键帧动画，0秒时在画面外，2秒时往上拖动"小黄车"，使"小黄车"在3秒时成功超车"小红车"，5秒时将"小黄车"拖至画面外，并且拖得比"小红车"更远一些，如图 2-45 所示。

图 2-45 动画最终效果

（5）将完成的动画输出为视频。使用快捷键 Ctrl+M，根据需求设置输出模块，选择输出到合适的位置，单击渲染。

任务四 蒙版与轨道遮罩制作技巧

 学习目标

1. 掌握蒙版的创建方式。
2. 了解混合蒙版的属性。
3. 掌握蒙版动画的制作方法。
4. 了解轨道遮罩的使用方法。

 思政目标

1. 传承中国优秀传统文化，培育臻于完美的工匠品格。
2. 不断钻研创新，增强操作能力。

相关知识

一、蒙版

当画面是一个整体，需要对其进行抠像或者线条动画这样的操作时，就需要用到蒙版与轨道遮罩。如果你学习过 Photoshop，应该会对蒙版比较熟悉，它就类似于 Photoshop 中的钢笔工具，可以创建蒙版，作为抠像以及成为动画的线条依据，所以蒙版在 After Effects 中是非常重要的工具。

After Effects 中的蒙版是用来改变图层特效和属性的路径，常用于修改图层的 Alpha 通道，也就是修改图层像素的透明度，也可以作为文本动画的路径。

蒙版的路径分为"开放"和"封闭"两种形式，"开放"路径的起点与终点不同，"封闭"路径是可循环的，并且可以为图层创建透明区域，可以通过鼠标拖动蒙版，改变蒙版之间的排列顺序，也可以设置蒙版的"混合模式"。

创建蒙版的方式有哪些？

方式一，通过形状工具，选择图层进行绘制。

方式二，利用钢笔工具自由绘制，需要注意的是，钢笔工具闭合才是蒙版，开放只是路径。

蒙版共有四个属性。

（1）蒙版路径：控制蒙版的路径形态，可以用来制作蒙版路径的关键帧动画。

（2）蒙版羽化：控制蒙版边缘的羽化程度。

（3）蒙版不透明度：控制蒙版的不透明。

（4）蒙版扩展：控制蒙版边缘的扩展与收缩。

混合蒙版有哪些？

通过调整 Mask 的"混合模式"进行多个蒙版之间的加减号集合计算。

（1）无：路径区域不对图层起蒙版作用。

（2）相加：对蒙版区域内的图层起作用。

（3）相减：对蒙版区域外的图层起到作用，或减去上层的蒙版区域。

（4）交集：与上层蒙版区域产生交集。

（5）变亮：与相加模式类似，区别在于多个蒙版相交的区域会保留不透明值最低的区域。

（6）变暗：与交集类似，区别在于多个蒙版相交的区域会保留不透明值最低的区域。

（7）差值：保留多个蒙版区域的补集，蒙版之间的相交区域不保留。

二、轨道遮罩

"轨道遮罩"又叫"Track Matte 遮罩",它包含"Alpha 遮罩"与"亮度遮罩"两种形式,在两个相邻图层之间,可以通过上方的轨道图层"Alpha"通道的透明信息或"亮度"通道的像素高度信息来定义下方图层的透明度。

"Alpha"是指图层的透明信息通道。使用"Alpha"通道作为遮罩的选项时,上方图层中每个像素的透明信息决定下方图层相应位置像素的透明程度显示情况。

"亮度"是指图层的亮度信息通道。在上方图层没有透明通道的前提下,可以使用亮度遮罩,通过图层内容的黑白亮度关系决定下方图层的显示结果。

 实训项目

一、课堂案例"蒙版路径动画:制作扫光文字效果"

操作步骤:

(1)创建合成,新建纯色层,修改颜色,并命名为"bg",如图 2-46 所示。

图 2-46 合成设置

(2)新建文本图层,添加文字,修改文字颜色,并复制一层文字,如图 2-47 所示。

(3)选中最上层文字图层,利用矩形工具框选住所有文字,并在图层控制区中的蒙版路径添加从左到右的动画,如图 2-48 所示。

图 2-47　文本图层设置

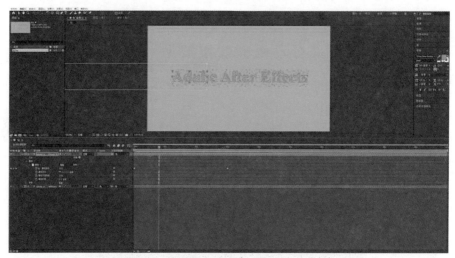

图 2-48　蒙版路径动画

（4）为蒙版添加羽化及扩展，并将修改文字的模式内容设置为相乘，如图 2-49 所示。

图 2-49　文字模式内容

二、课堂案例"电池充电动画"

案例完成稿 2-6　案例讲解 2-6

操作步骤：

（1）创建合成 1 920×1 080，帧速率为 25 帧 / 秒，时长为 10 秒，并命名为"充电动画"，如图 2-50 所示。

图 2-50　新建合成

（2）选择矩形工具绘制圆角矩形，设置白色描边为 10，关闭填充，将图层命名为"外框"，利用矩形工具绘制顶部矩形，设置白色描边为 10，关闭填充，将图层命名为"顶部"，电池的轮廓绘制完成，如图 2-51 所示。

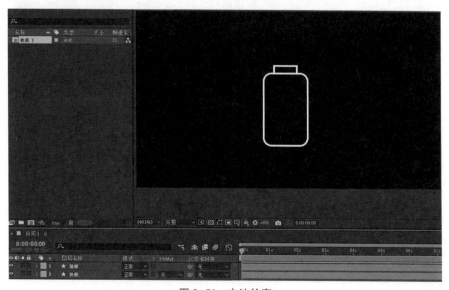

图 2-51　电池轮廓

（3）选择矩形工具绘制圆角矩形，比"外框"小一些，设置填充为白色，关闭描边，将图层命名为"内框"，如图 2-52 所示。

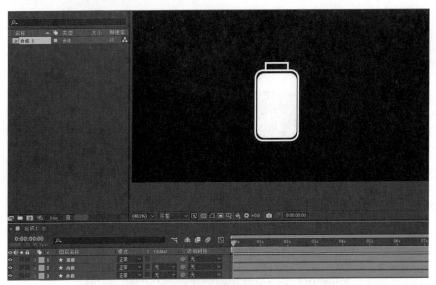

图 2-52 电池内框

（4）选择矩形工具绘制长条矩形，需要超出电池轮廓，将图层命名为"波浪"，给图层添加"波形变形"效果，设置波形高度为 17，波形宽度为 146，方向为 0x +98°，波形速度为 0.5，如图 2-53 所示。

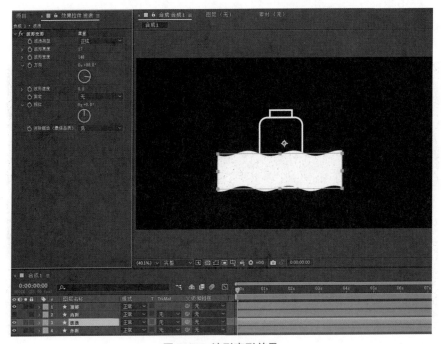

图 2-53 波形变形效果

（5）给"波浪"图层添加"梯度渐变"效果，设置梯度颜色，如图 2-54 所示。

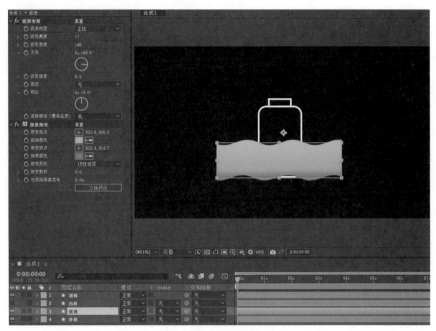

图 2-54　梯度渐变效果

（6）选中"波浪"图层，轨道遮罩选择 Alpha 遮罩"内框"，如图 2-55 所示。

图 2-55　轨道遮罩

（7）将完成的动画输出为视频。使用快捷键 Ctrl+M，根据需求设置输出模块，选择输出到合适的位置，单击渲染。

任务五　父子级关联与路径动画制作技巧

 学习目标

1. 了解父子图层的设置。
2. 掌握父子图层的关系。
3. 掌握路径动画的制作方法。

 思政目标

1. 培育和弘扬新时代工匠精神，完善制作环节。
2. 建立独立的审美机制，提升审美鉴别能力。

 相关知识

一、父子级关联

父子级关联是学习 MG 动画最基本的一个概念，功能强大，十分实用。

父子级的概念我们可以理解为从属关系，就是父物体做什么，子物体无条件跟着做；父物体所做的变化，子物体都会跟随。比如，为两个图层建立父子级关联后，父级图形移动，作为子级的图形也会跟着父级图形移动而移动。

二、路径动画

After Effects 中的路径动画，是利用形状路径来创建线条路径的动画。

 实训项目

一、课堂案例"进度条滚动"

案例完成稿 2-7

案例讲解 2-7

操作步骤：

（1）创建合成 1 920×1 080，帧速率为 25 帧 / 秒，时长为 4 秒，设置背景为白色，并命名为"进度条滚动"，如图 2-56 所示。

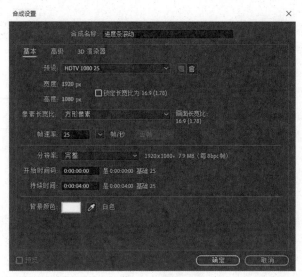

图 2-56　新建合成

（2）新建纯色层，在纯色层直接绘制长条圆角矩形蒙版（搭配鼠标滚轮使用），并在时间线面板中的蒙版 1 右侧选择反转，如图 2-57 所示。

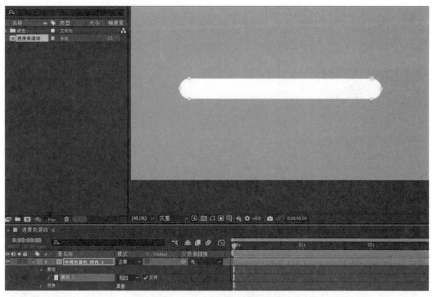

图 2-57　绘制圆角矩形蒙版

（3）单击空白处，利用矩形工具绘制矩形，需要大于圆角矩形蒙版，并在工具栏中选择填充颜色，如图 2-58 所示。

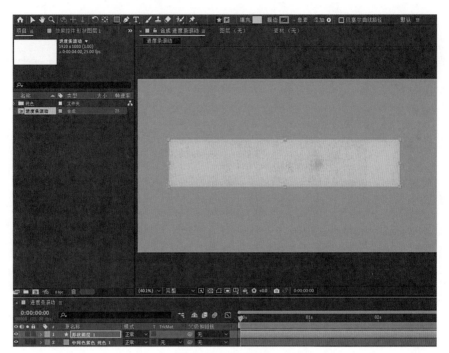

图 2-58　绘制矩形

（4）将形状图层放置在所有图层的下方，并为形状图层添加位置关键帧，使蒙版能够从左到右进入，选中两个关键帧，右击关键帧辅助，选择缓动，如图 2-59 所示。

图 2-59　为形状图层添加位置关键帧

（5）绘制文本，并为文本添加父子级关系（父为形状图层），如图 2-60 所示。

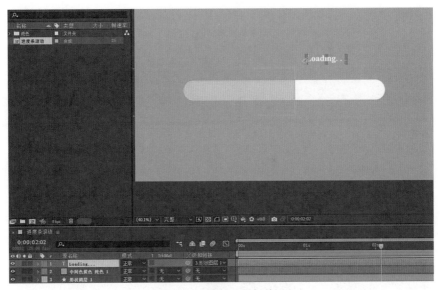

图 2-60　添加父子级关系

（6）将完成的动画输出为视频。使用快捷键 Ctrl+M，根据需求设置输出模块，选择输出到合适的位置，单击渲染。

二、课堂案例 "路径形状动画"

操作步骤：

（1）创建合成 1 920×1 080，帧速率为 25 帧 / 秒，时长为 5 秒，并命名为 "路径形状动画"，如图 2-61 所示。

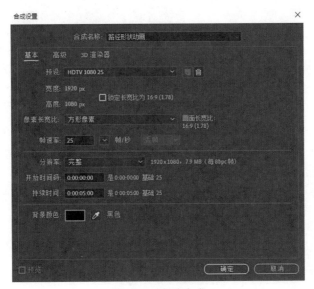

图 2-61　新建合成

（2）新建纯色层，选择钢笔工具，在纯色层绘制一条弯曲路径，如图 2-62 所示。

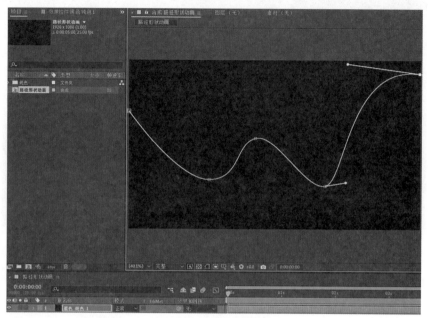

图 2-62　绘制弯曲路径

（3）选择形状工具中的任一形状，如圆形，如图 2-63 所示。

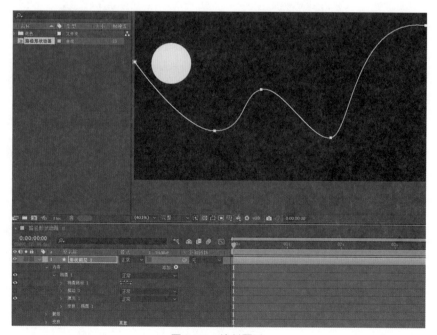

图 2-63　绘制圆形

（4）展开纯色层的蒙版，单击蒙版路径，按 Ctrl+C 组合键复制，选择绘制好的圆形图层，展开变换，选中位置，按 Ctrl+V 组合键粘贴刚刚复制的路径，圆形就可以按照绘制的路径移动，如图 2-64 所示。

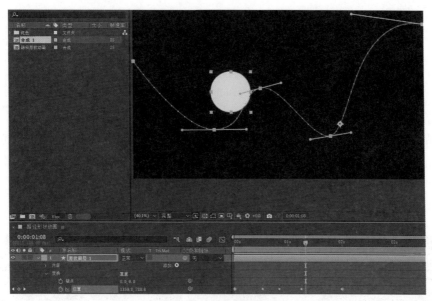

图 2-64　复制蒙版路径

（5）将完成的动画输出为视频。使用快捷键 Ctrl+M，根据需求设置输出模块，选择输出到合适的位置，单击渲染。

任务六　3D 图层与摄像机制作技巧

 学习目标

1. 了解 3D 图层的基本操作。
2. 了解 3D 图层的属性。
3. 掌握摄像机的控制方法。

 思政目标

1. 探索价值创新，坚定文化自信。
2. 坚持守正创新，构筑中国精神。

相关知识

一、3D 图层

3D 图层的开关按钮是 ▣，在时间轴窗口中，接下来通过创建纯色层进一步讲解 3D 图层。

开启图层的 3D 开关，该图层在合成面板中的中心点坐标会转换成三维坐标轴，图层的锚点、位置、缩放属性会新增 X 轴、Y 轴、Z 轴以及方向属性，还会增加材质选项，该属性可以调整三维图层的指定角度。通过调整方向属性可以为图层设定起始或目标角度，再使用 3 个轴向的旋转属性设定旋转路线，可以更方便地制作旋转动画，如图 2-65 所示。

图 2-65　图层 3D 开关

提示：方向和 X 轴、Y 轴、Z 轴的区别

为方向添加 0~2 秒的关键帧动画，中间的数值改为 360，会发现自动变为 0，数值改为 359，关键帧动画幅度很小，原因在于方向最大的数值是 180，而不是 360。设置 Y 轴旋转，会发现无论是多大的数值都可以旋转，所以 Y 轴可以用来制作快速的旋转动画，数值没有上限。

二、摄像机

在 After Effects 中，通过摄像机可以从任何角度和距离查看 3D 图层，也可以利用摄像机的特性来进行镜头的运动与切换，还可以利用摄像机为 3D 图层制作景深效果等。

摄像机的创建方法与其他图层的创建方法类似，在摄像机设置界面，可以根据已知条件或基本需求，预先设定摄像机的基本参数，如图 2-66 所示。

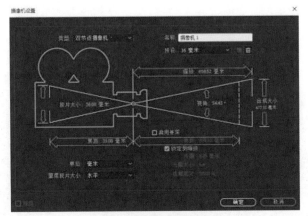

图 2-66 摄像机设置界面

摄像机的运动可以使画面的景别发生变化。景别分为远景、中景、近景、特写等，使用 After Effects 制作摄像机动画可以模仿摄像机拍摄时的真实运动。

在制作摄像机动画的过程中，通常需要切换多视图调整，以方便通过其他视图观察摄像机的位置状态，并能够在画面中进行调节，在顶视图中可以查看摄像机的位置信息。

通过使用（空对象）图层并开启该图层的三维开关，让摄像机作为空对象的子集来控制摄像机的运动，可以更为方便地制作摄像机动画。

摄像机的命令操作：

新建合成，输入文字，并复制三层文字，打开 3D 图层开关，添加摄像机工具，将合成面板设置为两个视图布局，其中一个为活动摄像机，另一个为自定义视图 1，移动摄像机可以查看效果，如图 2-67 所示。

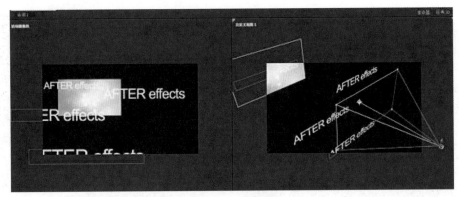

图 2-67 3D 图层

摄像机选项包含：缩放；景深，即图像与摄像机聚集的距离范围，位于距离范围之外的图像将变得模糊；焦距；光圈；模糊层次；光圈形状；光圈旋转；光圈圆度；高光增益；高光饱和度等。

光圈、镜头及被摄图层的距离是影响景深效果的重要因素：单击"景深"右侧的"关"，变更为"开"即可开启摄像机景深，可通过调节"焦距""光圈""模糊层次"等属性改变景深效果，如图 2-68 所示。

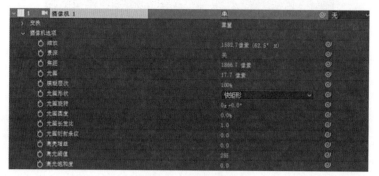

图 2-68　摄像机选项

 实训项目

课堂案例"三维盒子"

操作步骤：

（1）创建合成 1 920×1 080，帧速率为 25 帧 / 秒，时长为 5 秒，并命名为"三维盒子"，新建红色纯色层 1 080×1 080，打开 3D 开关，如图 2-69 所示。

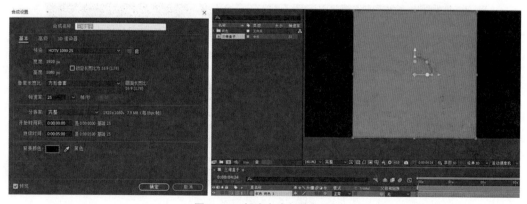

图 2-69　新建合成与纯色层

（2）使用快捷键 Ctrl+D 将纯色层复制一层，设置位置 960，540，-1 080，如图 2-70 所示。

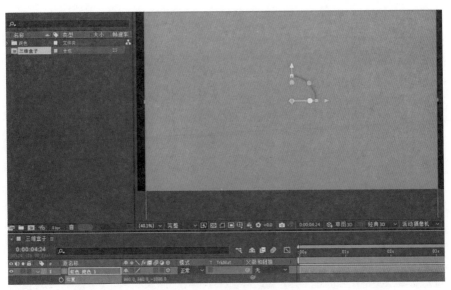

图 2-70　复制纯色层

（3）使用快捷键 Ctrl+D 将最开始的纯色层复制一层，设置 Y 轴旋转 90°，位置 1 500，540，-540，如图 2-71 所示。

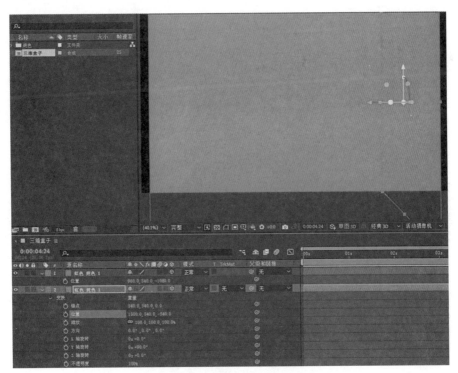

图 2-71　复制纯色层调节位置

（4）选择摄像机统一工具，进行预览查看，如图 2-72 所示。

49

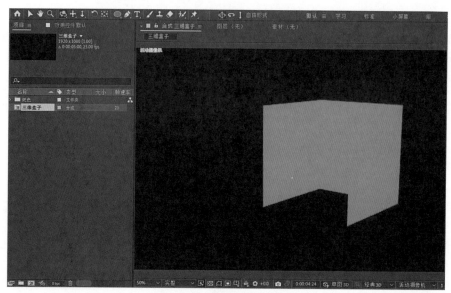

图 2-72　摄像机统一工具

（5）使用快捷键 Ctrl+D 复制刚刚的纯色层，设置位置 420，540，-540，这样四个面制作完成，如图 2-73 所示。

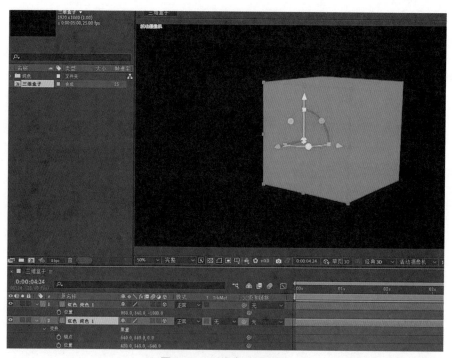

图 2-73　三维盒子四个面

（6）制作三维盒子底部，使用快捷键 Ctrl+D 将最开始的纯色层复制一层，设置位置 960，1 080，-540，X 轴为 90°，如图 2-74 所示。

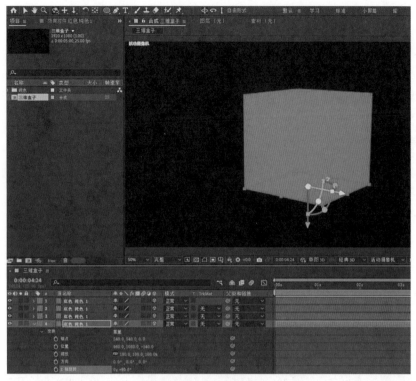

图 2-74　三维盒子底部

（7）制作三维盒子顶部，复制三维盒子底部图层，设置位置 960，0，-540，这样，三维盒子整体制作完成，如图 2-75 所示。

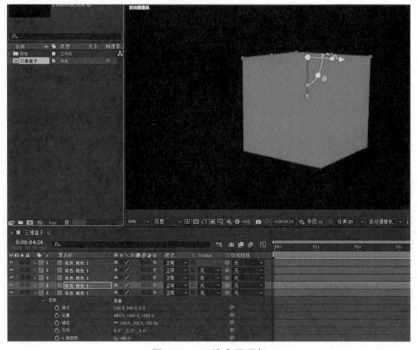

图 2-75　三维盒子顶部

（8）选中所有图层打开不透明度，设置不透明度为 60，如图 2-76 所示。

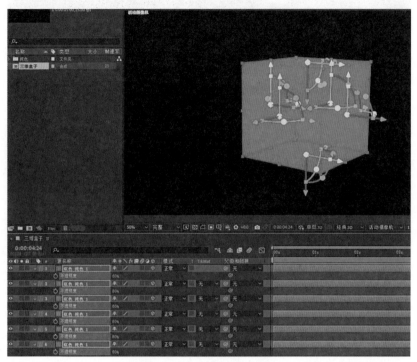

图 2-76　三维盒子不透明度

（9）右击时间线面板空白处，创建灯光，搭配摄像机统一工具对灯光进行设置，如图 2-77 所示。

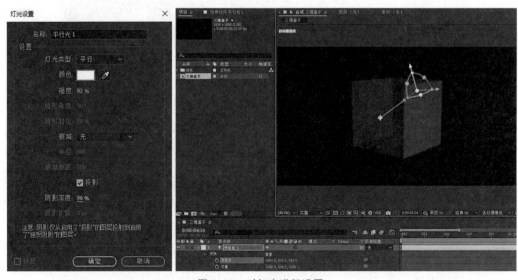

图 2-77　对灯光进行设置

任务七　图表编辑器与常用表达式制作技巧

 学习目标

1. 了解图标编辑器的功能和使用方法。
2. 掌握常用表达式的运用范围。
3. 掌握表达式的编写。

 思政目标

1. 熔铸主体性，增强社会责任感。
2. 发挥主观能动性，坚定理想信念。

 相关知识

一、图表编辑器

图表编辑器用于控制关键帧之间的速度。

图表编辑器有两种类型的图表：一种是用来显示属性值大小的值图表；另一种是用来显示属性值变化速率的速度图表。

在图表编辑器中为某个属性添加动画时，属性可以是位置、缩放、不透明度等，可以在速度图表中调整或者查看该属性的变化速度，经过一定的调节可以让属性值变得更加自然和流畅，也更利于模拟真实物理的运动效果，如图 2-78 所示。

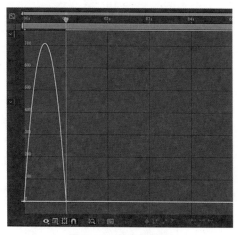

图 2-78　图表编辑器

二、常用表达式

表达式是 AE 内部基于 JS（JavaScript）编程语言开发的编辑工具，可以理解为简易的编程，但没有像编程那么复杂。表达式只能够添加在可以编辑的关键帧属性上，使用情况需要根据动画来决定。在大部分情况下，表达式能够帮助我们节约时间、避免重复操作、提高工作效率。

（一）time 表达式

time 表达式常用于制作循环动画。time 表示时间，以秒为单位，代码为 time*n。

假设想让一个物体不停地旋转，可以在旋转参数中输入 time，物体就会转动。time 表达式需要配合基本数学公式使用，如 time*10，意思是物体的转动速度是之前的 10 倍。

（二）Bounce（弹性表达式）

Bounce 可以理解为"反弹、带有重力作用"，主要用于自由落体反弹的效果。

使用方法：在 AE 中创建两个关键帧动画，按住 Alt 键单击码表，激活表达式输入栏，输入代码即可。

（三）Wiggle（抖动表达式）

Wiggle 表达式的代码为 wiggle(x, y)。

第一个参数 x 表示抖动的频率，第二个参数 y 表示抖动幅度，如在位置参数中加入表达式 Wiggle（2，15）意味着每秒抖动 2 次，每次抖动幅度为 15。

（四）loopOut 循环表达式

顾名思义，此即可以表现循环动画效果的表达式。只需为动画的开始和结束打上关键帧，添加 loopOut 循环表达式后动画就会一直循环运动，无须重复打关键帧，大大缩短了制作时间。

loopOut 循环表达式代码为 loopOut()。

进阶的使用方法，是在 loopOut() 括号里面写内容，如下：

loopOut(type = "cycle"，numKeyframes = 0)

cycle 在 loopOut 循环表达式最为常用，指的是在动画的最后一个关键帧结束，又从第一个关键帧开始循环播放；若想要制作来回循环运动，可以将 cycle 替换成 pingpong。

（五）random 随机表达式

random 表达式，可以随机变化动画效果。

random 表达式代码为 random(min, max)，min 表示最小值，max 表示最大值，添加 random 表达式后会在最小值与最大值之间随机取数值进行变化。

（六）延迟表达式

在动画效果设计中延迟表达式也是较为常用的一种，是在运动物体之间呈现出延迟的效果。

延迟表达式代码为 valueAtTime(t)。

 实训项目

课堂案例"旋转的方块"

案例完成稿 2-10　案例讲解 2-10

操作步骤：

（1）创建合成 1 920×1 080，帧速率为 25 帧 / 秒，时长为 5 秒，并命名为"旋转的方块"，如图 2-79 所示。

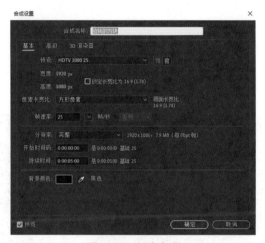

图 2-79　新建合成

（2）利用矩形工具绘制矩形，并设置颜色，如图 2-80 所示。

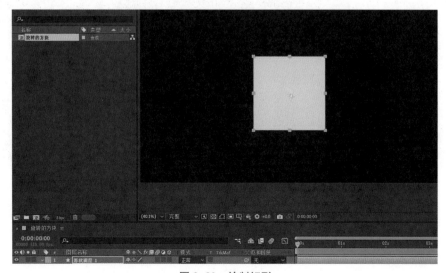

图 2-80　绘制矩形

（3）单击矩形图层，展开变换，按 Alt 键的同时单击旋转前的码表，调出表达式，如图 2-81 所示。

图 2-81　调出表达式

（4）在时间线面板调出的部分，输入 time，方块会轻微旋转，要想方块旋转更多，可以输入 time*500，如图 2-82 所示。

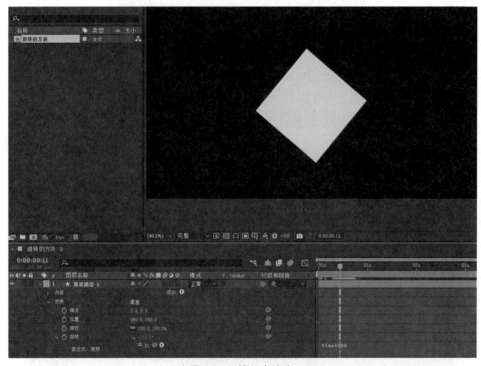

图 2-82　输入表达式

课后案例：利用 Wiggle 表达式制作背景动画

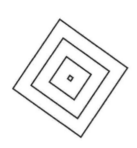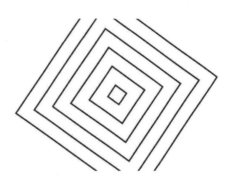

  本项目是对 After Effects 软件的基础知识和简单制作技巧的讲解。学习了本项目知识，能够独立完成一些 MG 动画效果，但是高级的动画效果还需掌握其他的技巧进行解析。本项目的目的主要是带领大家掌握 After Effects 中用于制作 MG 动画的各项功能，对于初学者来说，还有更多的知识要学习。在后续项目，会带领大家对 MG 动画进行整体创作。

项目三
MG 动画常用插件与脚本

导语

　　使用 AE 软件第三方插件及脚本制作 MG 动画，不仅可以提高工作效率，也可以创造出更多软件本身难以营造出来的特殊效果。AE 的脚本主要就是调用 AE 已有的程序，利用表达式控制，使用一种特定的描述性语言，依据一定的格式编写的可执行文件；而插件是一种遵循一定规范的应用程序接口编写出来的程序，相比脚本是通过一串代码使用 AE 原有的功能，插件更多是拓展仅靠 AE 软件平台所无法实现的功能。

　　本项目重点讲解了 AE 平台下制作 MG 动画的常用插件和脚本；通过对牛顿动力学、Duik 等第三方插件和脚本的学习，使学生可以更轻松地制作出丰富的动态效果。

项目导引

学习目标	1. 掌握牛顿动力学插件的使用； 2. 掌握 Duik 角色绑定脚本的使用； 3. 掌握 AutoSway 自动摇摆脚本的使用； 4. 掌握相关插件和脚本案例的制作。
训练项目	1. "旁观者"案例制作； 2. "角色奔跑"案例制作； 3. "灯笼摇摆"案例制作。

建议学时

　　8 学时。

任务一　牛顿动力学插件

 学习目标

1. 熟悉牛顿动力学插件的工作界面。
2. 掌握牛顿动力学插件的功能菜单。
3. 掌握牛顿动力学插件案例制作。

 思政目标

1. 以社会主义核心价值观为引领，提升学生对国家的文化自信。
2. 传承和发扬工匠精神。
3. 培养审美感知能力，提升审美鉴赏能力。

 相关知识

一、牛顿动力学插件简介

牛顿动力学插件是一款在 Adobe After Effects 上使用的 2D（二维）动力学插件。该插件将现有合成中的 2D 图层视为物理中的刚体。这些刚体会滑动、反弹，互相间会碰撞，并且会受到重力的作用。在本插件中还可以通过关联（joint）将主体连接在一起。牛顿动力学插件可以处理各种不同类型的主体：某些类型可以先依 AE 的动画进行运动后再受到动力的影响，某些则完全依靠解算控制其运动。

二、牛顿动力学插件的特点

（1）牛顿动力学插件可以识别文字图层、纯色图层、形状图层、呆萌版的图层。如果素材不是以上几类，我们可以直接用蒙版抠出来，再进入牛顿动力学界面进行物体的模拟运动。

（2）AE 合成面板的锚点中心会被牛顿插件识别，做了蒙版后或者经过其他的调整锚点不在物体中心，计算会出现误差。所以进入牛顿动力学插件前需要先右击图层，在变换中对图层内容中的锚点进行居中放置。

（3）牛顿动力学插件常用的图层菜单下可以进行自动追踪，图层的通道可以选择

Alpha，然后可以在插件中通过调整容差的数值来调整追踪效果。

（4）若某一个图层绘制了多个蒙版，进入插件后会有询问是否一个物体的弹窗出现，skip 指的是一个物体，separate 指的是拆分开图层。

三、牛顿动力学插件的界面和基本功能

牛顿动力学插件提供了一个简单、整洁、易于操作的界面，以及快速的 OpenGL 预览和直观的控制。当模拟结束时，能将效果导出为标准的 AE 关键帧动画。

（一）常规属性（general properties）

（1）类型。牛顿动力学插件提供以下主体类型。

▲ 静态（static）：主体没有运动。

▲ 运动（kinematic）：主体的动画受 AE 中使用的关键帧动画或表达式动画控制时，主体的运动路径不会因物理作用力而发生改变，除非关键帧动画已经结束，这时主体将以 dynamic 的方式运动。

▲ 动力（dynamic）：主体的运动完全依靠解算（默认设置类型）。

▲ 休眠（dormant）：主体不受重力影响，但当受到其他主体的碰撞后，将以 dynamic 的方式运动。

▲ AEmatic：主体的动画不仅受 AE 中的关键帧动画或表达式动画控制，也受动力的影响（是动力和运动的混合型）。

▲ 死亡（dead）：主体对碰撞没有响应，且不受解算控制。

（2）密度（density）。该参数用来确定一个非静态主体的质量。当主体以相同的速度下落，高密度的主体不会比低密度的主体下降得更快。然而当发生碰撞时，密度的差异是很容易区分出来的。

（3）摩擦力（friction）。该参数用于控制主体间的滑动。当值设为 0 时，没有摩擦力；当值逐渐上调，摩擦力逐渐增大。

（4）反弹力（bounciness）。该参数用于控制主体的反弹。值为 0 表示没有反弹力（例如，球掉在地上将不会弹起），值为 1 表示最大的反弹力（例如，一个球掉在地上将无止境地反弹）。

（5）颜色（color）。该参数设置主体在模拟器预览窗口中的颜色。

（6）网格精度（mesh precision）。该参数适用于由圆角组成的主体，默认值为 2。较高的值会增加精度，但可能影响运行的速度。对于复杂的形状，建议尽可能地调低该值。

（7）线速度（linear velocity）。该参数设置主体的线速度。力作用于质量中心。还可以直接用速度工具（快捷键 P）在预览窗口设置速度。

（8）角速度（angular velocity）。该参数设置主体的（旋转）角速度。力作用于质量中心。

（9）线性阻尼（linear damping）。该参数用来降低主体的线速度。

（10）角阻尼（angular damping）。该参数用来降低主体的角速度。

（11）悬浮阻尼（AEmatic damping）。该参数只适用于悬浮 AEmatic 类型的主体。它相当于连接 AE 中设置的运动路径和通过解算所得的运动路径的关联的阻尼。

（12）悬浮张力（AEmatic tension）。该参数只适用于悬浮 AEmatic 类型的主体。它相当于连接 AE 运动路径和通过解算所得的运动路径的关联的张力。

（二）高级属性

（1）碰撞组（collision group，collide with）。可以指定一个碰撞组给主体（共有 5 个可使用的组），也可以指定主体与哪个组发生碰撞。默认情况下，每个主体都属于同一碰撞组，并且可以与其他的组都碰撞。

（2）固定旋转（fixed rotation）。该参数用于防止主体旋转。

（3）重力级别（gravity scale）。该参数允许为每一个主体设置独立的参数。当值为 0 时，即关闭主体的重力。

（4）使用固态（use convex hull）。该参数可以将复杂主体的形状转成近似的空间多面型。在某些情况下，如使用文本时，该选项可以在逼真模拟时提高运行速度。

（5）磁性类型（magnetism type）。该参数允许将主体变成一个磁铁，因而可以吸引 attraction 或排斥 repulsion 其他主体。

（6）磁力强度（magnet intensity）。该参数用于设定磁性强度。

（7）磁距（magnet distance）。该参数用于设定能接受主体磁性的最大距离。

（8）接受磁力（accept magnetism）。该参数用于指定主体是否会受到其他的带磁主体的影响。

 实训项目

课堂案例"旁观者"

案例最终效果如图 3-1 所示。

 案例完成稿 3-1
 案例讲解 3-1-1
 案例讲解 3-1-2
 案例讲解 3-1-3
 案例讲解 3-1-4
 案例讲解 3-1-5

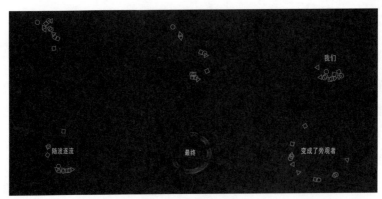

图 3-1　画面效果

操作步骤：

一、制作静态

（1）启动 Adobe After Effects CC 2022，在项目面板右击"新建合成"，将"合成名称"改为"合成 1"，宽度选择"1400px"，高度选择"800px"，帧速率选择"25 帧 / 秒"，持续时间改为"0∶00∶08∶00"，背景颜色选择"黑色"，单击"确定"按钮，如图 3-2 所示。

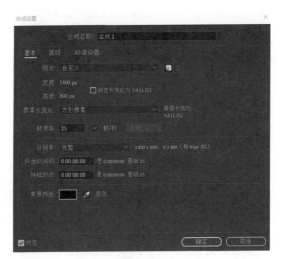

图　3-2

（2）绘制长条，在图层面板右击新建形状图层，单击该图层并按 Enter 键重命名为长条。按 Alt 键并单击关闭填充，然后使用矩形工具在该图层绘制出一个矩形，修改描边 1 的颜色为 RGB（226，22，10），不透明度为 100%，描边宽度为 16.0，线段端点为平头端点，线段连接为斜接连接，尖角限制为 4.0。修改变换中的旋转为（0，+33.0），如图 3-3 所示。

（3）绘制大圆 1，在图层面板右击新建形状图层，单击该图层并按 Enter 键重命名为大圆 1。按 Alt 键并单击关闭填充，然后使用椭圆工具按住 Shift 在该图层绘制出一个圆形，修改描边 1 的颜色为 RGB（226，22，10），不透明度为 100%，描边宽度为 10.0，线段端点为平头端点，线段连接为斜接连接，尖角限制为 4.0，如图 3-4 所示。在变换下的旋转的第"0：00：03：19"处添加关键帧，修改"0：00：06：21"的旋转数值为 3x+37.9，修改"0：00：07：24"处的旋转值为 6x+294.3，如图 3-5 所示。

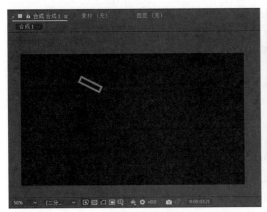
图　3-3

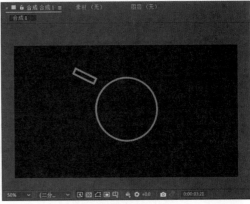
图　3-4

图　3-5

（4）绘制大圆 2，在图层面板复制并粘贴大圆 1，按 Enter 键重命名为大圆 2，打开封闭路径，将圆环修改为半圆，如图 3-6 所示。

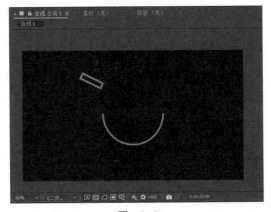
图　3-6

（5）在时间轴面板调整大圆 1 的时间轴开始点至"0：00：03：19"，调整大圆 2 的时间轴结束点为"0：00：03：19"，如图 3-7 所示。

图 3-7

（6）绘制圆、三角、矩形。

①在图层面板右击新建形状图层，单击该图层并按 Enter 键重命名为圆。按 Alt 键并单击关闭填充，然后使用椭圆工具按 Shift 键在该图层绘制出一个圆形，修改描边 1 的颜色为 RGB（226，22，10），不透明度为 100%，描边宽度为 6.0，线段端点为平头端点，线段连接为斜接连接，尖角限制为 4.0。并在图层面板复制出圆 2、圆 3、圆 4。

②在图层面板右击新建形状图层，单击该图层并按 Enter 键重命名为三角。按 Alt 键并单击关闭填充，然后使用星形工具在该图层绘制出一个五角星，并修改多边星形路径中的点为 3，修改描边 1 的颜色为 RGB（226，22，10），不透明度为 100%，描边宽度为 6.0，线段端点为平头端点，线段连接为斜接连接，尖角限制为 4.0。并在图层面板复制出三角 2、三角 3、三角 4。

③在图层面板右击新建形状图层，单击该图层并按 Enter 键重命名为矩形。按 Alt 键并单击关闭填充，然后使用矩形工具在该图层绘制出一个矩形，修改描边 1 的颜色为 RGB（226，22，10），不透明度为 100%，描边宽度为 6.0，线段端点为平头端点，线段连接为斜接连接，尖角限制为 4.0。并在图层面板复制出矩形 2、矩形 3、矩形 4。

④将所有的圆三角和矩形打乱顺序，并移动至合成面板的可视图层之外，如图 3-8 所示。

二、在牛顿动力学插件中制作掉落旋转动画

（1）选中合成 1 并单击菜单栏的合成，选择合成里面的牛顿动力学插件，如图 3-9 所示。

（2）在牛顿动力学的独立界面选中长条图层，在合成属性中选择常规并修改类型为静态，如图 3-10 所示。

（3）在牛顿动力学的独立界面选中大圆 2 图层，在合成属性中选择常规并修改类型为静态，网格精度为 10，如图 3-11 所示。

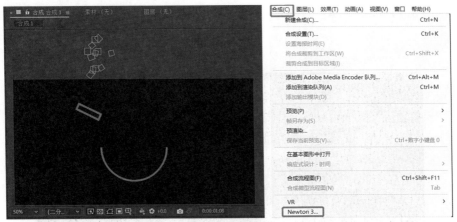

图 3-8   图 3-9

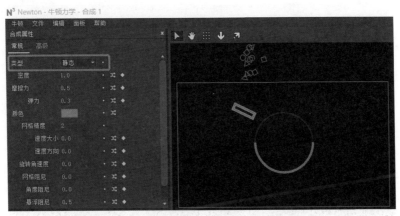

图 3-10

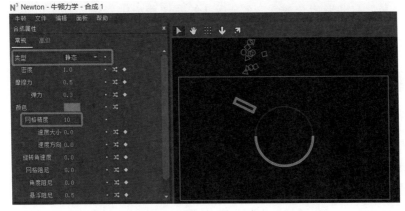

图 3-11

（4）在牛顿动力学的独立界面选中大圆 1 图层，在合成属性中选择常规并修改类型为运动学，网格精度为 10，如图 3-12 所示。

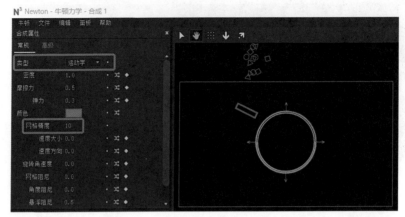

图　3-12

（5）在牛顿动力学的独立界面的输出面板打开应用于新合成，并单击"提交"按钮，如图 3-13 所示。

图　3-13

（6）提交后自动形成合成2。在合成2的图层面板中隐藏大圆1、大圆2、长条3个图层。

三、制作缩放动画

（1）在项目面板右击"新建合成"，将"合成名称"改为"合成3"，宽度选择"1400px"，高度选择"800px"，帧速率选择"25帧/秒"，持续时间改为"0：00：08：00"，背景颜色选择"黑色"然后单击"确定"按钮，如图 3-14 所示。

（2）在合成2中选中所有小的圆、三角形、矩形，按 Ctrl+C 组合键复制所有图层。在合成3中按 Ctrl+V 组合键粘贴图层。选中所有图层按 R 调出旋转并关闭所有图层中旋转的关键帧。然后选中所有图层按 P 键调出位置并删除所有关键帧只保留最后一帧，并将其移动至第一帧，如图 3-15 所示。

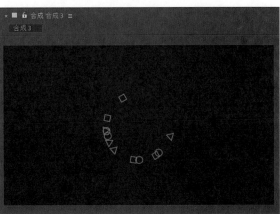

图 3–14   图 3–15

（3）在图层面板右击新建形状图层，选中该形状图层，使用椭圆工具并按 Shift 键绘制出一个圆。修改描边 1 的颜色为 RGB（226，22，10），不透明度为 100%，描边宽度为 10.0，线段端点为平头端点，线段连接为斜接连接，尖角限制为 4.0。修改填充 1 的填充规则为非零环绕，颜色为 RGB（14，0，225），如图 3–16 所示。

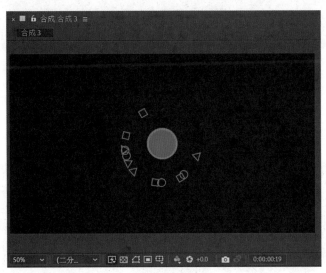

图 3–16

（4）选中合成 3 并打开牛顿动力学插件。在牛顿动力学独立界面选中形状图层 1，单击合成属性中的常规并修改类型为静态，悬浮阻尼为 0.3，悬浮张力为 0.5，如图 3–17 所示。单击合成属性中的高级，修改磁场类型为斥力，磁场强度为 10，磁场范围为 200，如图 3–18 所示。

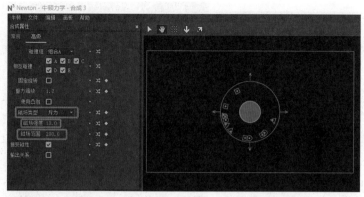

图 3-17

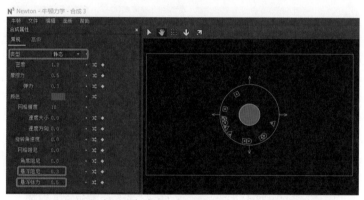

图 3-18

（5）选中所有圆三角和矩形，单击合成属性中的常规并修改类型为悬浮，悬浮阻尼为 0.3，悬浮张力为 0.5，如图 3-19 所示。

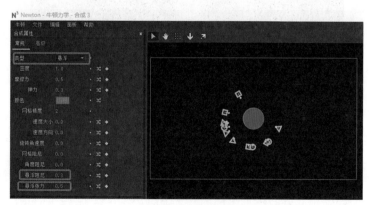

图 3-19

（6）选中所有图层，在全局属性中，修改度量值为 0.0，方向为 0.0，如图 3-20所示。

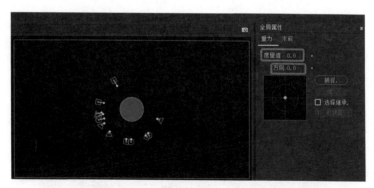

图 3-20

（7）在牛顿动力学的独立界面的输出面板打开应用于新合成，单击"提交"按钮。

（8）提交后自动形成合成 4。在合成 4 的图层面板中隐藏形状图层 1。

四、文字动态制作

（1）在项目面板右击"新建合成"，将"合成名称"改为"合成 5"，宽度选择
"1400px"，高度选择"800px"，帧速率选择"25 帧 / 秒"，持续时间改为"0：00：12：
00"，背景颜色选择"黑色"，然后单击"确定"按钮，如图 3-21 所示。

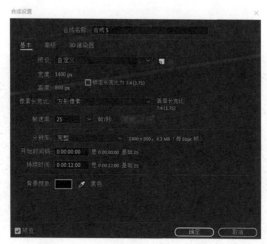

图 3-21

（2）在项目面板中分别将合成 2 和合成 4 拖动到合成 5 中，并在时间轴面板将合
成 4 的起始点移动到第 8 秒，如图 3-22 所示。

图 3-22

（3）使用横排文字工具，在合成面板的可视范围中单击并输入文字"我们"，形成一个新的文本图层，按 Enter 键将该图层重命名为"我们"。并在时间轴面板将该图层的起点移动至"0：00：02：07"，终点收缩至"0：00：04：19"，如图 3-23 所示。

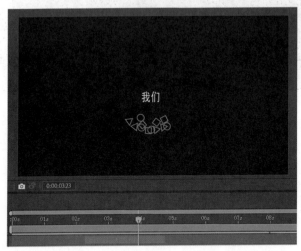

图 3-23

（4）使用横排文字工具，在合成面板的可视范围中单击并输入文字"随波逐流"，形成一个新的文本图层，按 Enter 键将该图层重命名为"随波逐流"。并在时间轴面板将该图层的起点移动至"0：00：04：19"，终点收缩至"0：00：07：07"，如图 3-24 所示。

图 3-24

（5）使用横排文字工具，在合成面板的可视范围中单击并输入文字"最终"，形成一个新的文本图层，按 Enter 键将该图层重命名为"最终"。并在时间轴面板将该图层的起点移动至"0：00：07：07"，终点收缩至"0：00：08：15"，如图 3-25 所示。

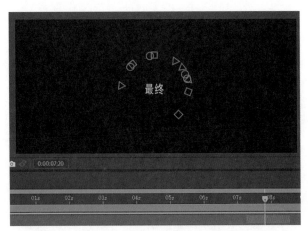

图　3-25

（6）使用横排文字工具，在合成面板的可视范围中单击并输入文字"变成了旁观者"，形成一个新的文本图层，按 Enter 键将该图层重命名为"变成了旁观者"。并在时间轴面板将该图层的起点移动至"0：00：08：15"，终点收缩至"0：00：11：24"，如图 3-26 所示。

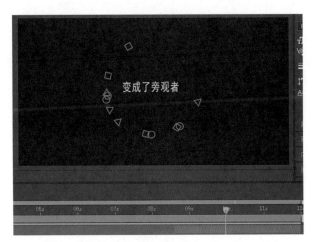

图　3-26

（7）在效果与预设里搜索淡入淡出，并选择动画预设里的"淡入淡出 - 帧"，将该效果给合成 5 中的每一个文本图层，如图 3-27 所示。

图　3-27

（8）在菜单栏中选择"合成""添加到渲染队列"，在图层面板中单击"输出到"修改输出位置，单击"渲染"完成。

任务二 Duik 角色绑定脚本

 学习目标

1. 熟悉 Duik 角色绑定脚本的工作界面。
2. 熟悉 Duik 角色绑定脚本的功能菜单。
3. 掌握 Duik 角色绑定脚本 IK 绑定的方法。
4. 掌握 Duik 角色绑定脚本案例制作。

 思政目标

1. 树立正确的价值观，弘扬精益求精的精神。
2. 传承和发扬工匠精神。
3. 培养审美感知能力，提升审美鉴赏能力。

 相关知识

一、Duik 角色绑定脚本简介

Duik 角色绑定脚本是 Duduf 公司出品的动力学和动画工具。动画的基本工具包含反向动力学（IK）、骨骼变形器、动态效果、自动骨骼绑定等；有了这个脚本后，创建角色动画运动将变得更加容易！

二、Duik 角色绑定脚本的基本功能

（一）反向运动学

在创建动画人物，尤其是制作走路、跑步动画时，这个功能必不可少。反向运动学包含使用非常复杂的三角函数表达式，而 Duik 则可以自动化创建过程，这样，创作者只需关注动画创作本身。一个简单的控制器就可以控制整个关节的动态。

（二）骨骼和傀儡工具

骨骼是可以代替傀儡图钉后的效果。创建一个单一的点，使骨骼可以进行本地化的控制。创作者可以用复制等同样的方法操纵 3D 角色呈现效果。

（三）自适应操控

Duik 的自适应操控可以自动操纵 IK 绑定的各个节点。创作者只需要移动锚点到适当的关节，自适应控制器就会自动识别，从而方便控制。

（四）动画工具

Duik 附带各种各样的动画控制器，如强大的弹簧，自动化对象的延迟、抖动、反弹、车轮的自动旋转等。

 实训项目

课堂案例"角色奔跑"

案例最终效果如图 3-28 所示。

图　**3-28**

案例完成稿 3-2

案例讲解 3-2-1

案例讲解 3-2-2

案例讲解 3-2-3

操作步骤：

（1）启动 Adobe After Effects CC 2022 软件，进入操作界面。执行"合成""新建合成"命令，创建一个预设为"跑步动作"的合成，设置大小为 2 667 px×1 500 px，"持续时间"为 6 秒，数值背景颜色为"黑色"，然后单击"确定"按钮，如图 3-29 所示。

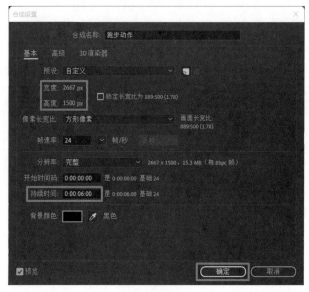

图　3-29

（2）进入操作界面后，在图层面板中右击，选择"新建""纯色层"，选择"纯色设置"里面的颜色修改为深蓝色（#322151），然后单击"确定"按钮，如图 3-30 所示。

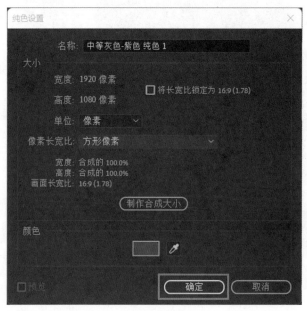

图　3-30

（3）在图层面板中右击，选择"新建""形状图层"，在图层面板中重命名该图层为"头部"。在图层面板中选择"头部"图层，在工具栏选择"钢笔工具"（图 3-31）。在合成面板中画出"头部"，将"头部"的填充颜色修改为米白色（# D2BA9C）。

图　3-31

（4）在工具栏选择"椭圆工具"，选中"头部"图层，在合成面板中绘制两个圆形，将这两个圆形的填充颜色修改为白色（#F5EDE2），描边颜色修改为深蓝色（#2B2C38），描边宽度修改为 4 px。在工具栏中选择"钢笔工具"，在合成面板中绘制一条弧线，放置两个圆形中间，将描边宽度修改为 7 px。在工具栏选择"椭圆工具"，在合成面板中绘制两个圆形，将这两个圆形的填充颜色修改为白色（# F5EDE2），描边颜色修改为深棕色（#331D0E），描边宽度修改为 11 px。效果如图 3-32 所示。

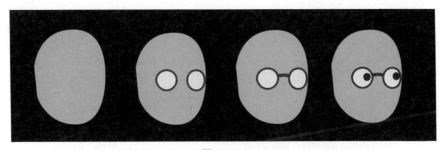

图　3-32

（5）在工具栏中选择"钢笔工具"，选中"头部"图层，在合成面板中绘制一条曲线，如图 3-33 所示。在图层面板展开"头部"图层中的"内容"属性，将曲线重命名为"眉毛 1"。展开"眉毛 1""描边 1"属性，将描边颜色修改为深蓝色（# 2B2C38），描边宽度修改为 9.0，线段端点修改为圆头端点，尖角限制修改为 4.0。展开"眉毛 1""描边 1""锥度"属性，将起始长度修改为 87.0%，开始宽度修改为 63.0%，如图 3-34 所示。

图　3-33

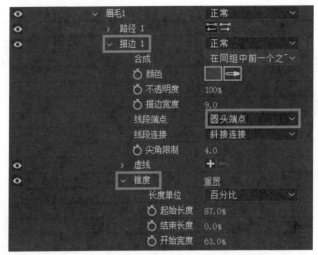

图　3-34

（6）在图层面板选择"头部""内容""眉毛 1"，按 Ctrl+C 组合键复制，选择"头部""内容"，按 Ctrl+V 组合键粘贴。在图层面板展开"眉毛 2"中的"变换：眉毛 2"属性，在其下方的"比例"属性中取消约束比例，将 X 轴比例修改为 -103.9%，如图 3-35 所示。

图　3-35

（7）在工具栏中选择"钢笔工具"，选中"头部"图层，在合成面板中绘制一条曲线，将描边颜色修改为黑色（#171008），描边宽度修改为 2，将曲线重命名为"鼻子"。

（8）在工具栏中选择"钢笔工具"，选中"头部"图层，在合成面板绘制一个不规则形状，将填充颜色修改为棕色（#4A3317），取消描边，将图层重命名为"头发"。

（9）在工具栏中选择"钢笔工具"，选中"头部"图层，在合成面板绘制一条线，将描边颜色修改为黑色（#2C2D38），描边宽度修改为 6，将图层重命名为"眼镜架"。

（10）在工具栏中选择"钢笔工具"，选中"头部"图层，在合成面板上绘制一个圆，将描边颜色修改为黑色（# D2BA9C），描边宽度修改为 6，取消填充，将图层重命名为"眼镜架"。

（11）在工具栏中选择"钢笔工具"，选中"头部"图层，在合成面板上绘制一个圆，将描边颜色修改为米白色（#2C2D38），将图层重命名为"眼镜架"。在合成面板选择"眼镜架",用"钢笔工具"在合成面板绘制一条曲线,将曲线的颜色改为深棕色(#5A462D)。

(12)在工具栏中选择"钢笔工具",选中"头部"图层,在合成面板绘制一条曲线,将描边颜色修改为黑色(#020300),描边宽度修改为3,将图层重命名为"嘴巴"。效果如图3-36所示。

图 3-36

(13)在工具栏中选择"钢笔工具",在合成面板绘制脖子形状,将其填充颜色修改为米白色(#D2BA9C),将图层重命名为"脖子"。

(14)在工具栏中选择"钢笔工具",在合成面板绘制身体形状,将其填充颜色修改为绿色(#628E67),将图层重命名为"身体"。

(15)在工具栏中选择"钢笔工具",在合成面板绘制大腿形状,将其填充颜色修改为灰色(#BEBEBE),将图层重命名为"上腿"。在工具栏中选择"钢笔工具",在合成面板绘制大腿形状,将其填充颜色修改为灰色(#BEBEBE),将图层重命名为"上腿2"。效果如图3-37所示。

图 3-37

(16)在工具栏中选择"钢笔工具",在合成面板绘制刘海形状,将其填充颜色修改为棕色(#4A3317),将图层重命名为"头发"。图层面板中选择"头发"图层,在合成面板绘制头发形状,将其填充颜色修改为棕色(#4A3317)。图层面板中选择"头发"图层,在合成面板绘制折线,将其填充颜色修改为浅棕色(#725C41)。效果如图3-38所示。

图 3-38

（17）在工具栏中选择"钢笔工具"，在合成面板绘制臀部形状，将其填充颜色修改为灰色（#BEBEBE），将图层重命名为"臀部"。

（18）在工具栏中选择"钢笔工具"，在合成面板绘制上臂形状，将其填充颜色修改为米白色（#D2BA9C），将图层重命名为"上臂"。选择"上臂"图层，在合成面板使用钢笔工具绘制袖子形状，将其填充颜色修改为绿色（#628E67）。在工具栏中选择"钢笔工具"，在合成面板绘制上臂形状，将其填充颜色修改为米白色（#B9A285），将图层重命名为"上臂2"。选择"上臂2"图层，在合成面板使用钢笔工具绘制袖子形状，将其填充颜色修改为绿色（#628E67）。

（19）在工具栏中选择"钢笔工具"，在合成面板绘制上臂形状，将其填充颜色修改为米白色（#D2BA9C），将图层重命名为"下臂"。在工具栏中选择"钢笔工具"，在合成面板绘制上臂形状，将其填充颜色修改为米白色（#B9A285），将图层重命名为"下臂2"。

（20）在工具栏中选择"钢笔工具"，在合成面板绘制手形状，将其填充颜色修改为米白色（#D2BA9C），将图层重命名为"前手"。在工具栏中选择"钢笔工具"，在合成面板绘制手形状，将其填充颜色修改为米白色（#927B5F），将图层重命名为"后手"。图层面板中选择"后手"图层，在合成面板绘制手指形状，将其填充颜色修改为米白色（#927B5F）。效果如图3-39所示。

图 3-39

（21）在工具栏中选择"钢笔工具"，在合成面板绘制小腿形状，将其填充颜色修改为灰色（#BEBEBE），将图层重命名为"下腿"。在合成面板绘制裤脚形状，将其填充颜色修改为深灰色（#8A8A8A）。在合成面板绘制脚踝形状，将其填充颜色修改为深灰色（#D2BA9C），如图 3-40 所示。

图　3-40

（22）在工具栏中选择"钢笔工具"，在合成面板绘制小腿形状，将其填充颜色修改为灰色（#BEBEBE），将图层重命名为"下腿 2"。在合成面板绘制裤脚形状，将其填充颜色修改为深灰色（#8A8A8A）。在合成面板绘制脚踝形状，将其填充颜色修改为深灰色（#D2BA9C），如图 3-41 所示。

图　3-41

（23）在工具栏中选择"钢笔工具"，在合成面板绘制鞋形状，将其填充颜色修改为深灰色（#48595A），将图层重命名为"鞋子"。在合成面板绘制鞋身形状，将其填充颜色修改为深灰色（#7A9092）。在合成面板绘制方形，将其填充颜色修改为浅灰色（#C2CBD5），如图 3-42 所示。

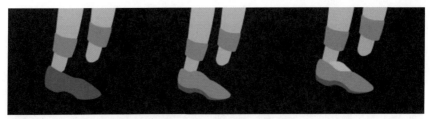

图　3-42

（24）在工具栏中选择"钢笔工具"，在合成面板绘制鞋形状，将其填充颜色修改为深灰色（#48595A），将图层重命名为"鞋子后"。在合成面板绘制鞋身形状，将其填充颜色修改为深灰色（#7A9092）。在合成面板绘制方形，将其填充颜色修改为浅灰色（#C2CBD5），如图 3-43 所示。

图　3-43

（25）在面板中选择"脖子""臀部""上臂""上臂2"图层，修改父级和链接属性为"身体"。选择"下臂"图层，修改父级和链接属性为"上臂"。选择"下臂2"图层，修改父级和链接属性为"上臂2"。选择"前手"图层，修改父级和链接属性为"下臂"。选择"后手"图层，修改父级和链接属性为"下臂2"。选择"上腿""上腿2"图层，修改父级和链接属性为"臀部"。选择"下腿"图层，修改父级和链接属性为"上腿"。选择"下腿2"图层，修改父级和链接属性为"上腿2"。选择"鞋子"图层，修改父级和链接属性为"下腿"。选择"鞋子后"图层，修改父级和链接属性为"下腿2"。选择"头部"图层，修改父级和链接属性为"脖子"。选择"头发"图层，修改父级和链接属性为"头部"。调整图层顺序，效果如图 3-44 所示。

（26）在图层面板中按 Ctrl 键依次选择"前手""下臂""上臂"，在工具栏中选择"窗口""Duik Bassel.2.jsk"。在"Duik Bassel.2"窗口中选择"自动化绑定和创立反向动力"，在效果控件中将"Stretch""Auto-Stretch"取消选择，如图 3-45 所示。

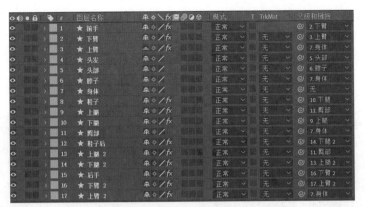

图 3-44

图 3-45

（27）在图层面板中按 Ctrl 键依次选择"后手""下臂 2""上臂 2"，在"Duik Bassel.2"窗口中选择"自动化绑定和创立反向动力"，在效果控件中将"Stretch""Auto-Stretch"取消选择，如图 3-46 所示。

图 3-46

（28）在图层面板中按 Ctrl 键依次选择"鞋子""下腿""上腿"，在"Duik Bassel.2"窗口中选择"自动化绑定和创立反向动力学"，在效果控件中将"Stretch""Auto-Stretch"取消选择，如图 3-47 所示。

图　3-47

（29）在图层面板中按 Ctrl 键依次选择"鞋子后""下腿 2""上腿 2"，在"Duik Bassel.2"窗口中选择"自动化绑定和创立反向动力学"，在效果控件中将"Stretch""Auto-Stretch"取消选择，如图 3-48 所示。

图　3-48

（30）在图层面板中选择"身体"图层，选择"变换"属性，在第 0 帧单击"位置"属性前的关键帧按钮，设置参数为"1366.5，666.0"，在后几帧调整 y 轴数值，使身体上下起伏。按 Alt 键，单击"位置"的关键帧按钮，选择"Property""loopOut(ype="cycle"，numKeyframes=0)"表达式，如图 3-49 所示。

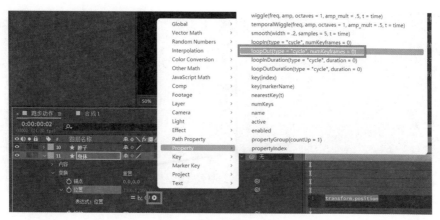

图 3-49

（31）在图层面板展开"cl 后手""cl 前手""cl 鞋子后""cl 鞋子"图层中的"变换"属性，在第 0 帧处单击"位置"属性前的关键帧按钮，设置参数为"1253.6，731.1""1543.5，604.0""1612.5，1242.0""914.5，1039.0"。在第 10 帧时间点设置"旋转"参数为"1647.6，655.1""1087.5，730.0""932.5，928.0""1532.5，1263.0"，如图 3-50 所示。复制第 0 帧的关键帧在第 16 帧粘贴，按 F9 键将所有"位置"关键帧转换为缓入缓出关键帧。

（32）在图层面板展开"cl 后手""cl 前手""cl 鞋子后""cl 鞋子"图层中的"变换"属性，在第 0 帧处单击"旋转"属性前的关键帧按钮，设置参数为"0x+91.2°""0x-93.0°""0x-47.0°""0x+71.0°"。在第 10 帧时间点设置"旋转"参数为"0x-0.8°""0x+23.0""0x+91.0°""0x-46.0°"，如图 3-51 所示。复制第 0 帧的关键帧在第 16 帧粘贴，按 F9 键将所有"旋转"关键帧转换为缓入缓出关键帧，如图 3-52 所示。

图 3-50

图 3-51

▶ After Effects MG 动画基础案例教程 ∶∶∶∶∶∶∶∶∶∶∶∶

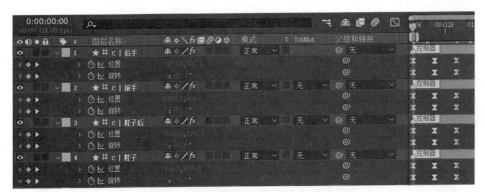

图　3-52

（33）在图层面板展开"cl 后手""cl 前手""cl 鞋子后""cl 鞋子"图层中的"变换"属性，按 Alt 键，单击"位置""旋转"的关键帧按钮，选择"Property""loopOut(type="cycle"，numKeyframes=0)"表达式，如图 3-53 所示。

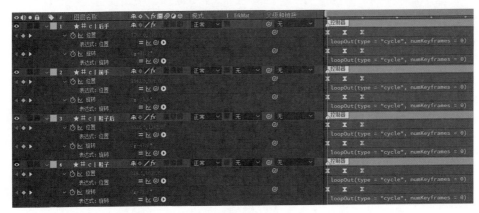

图　3-53

（34）选择除"纯色层"以外的所有图层，右击选择"预合成"，如图 3-54 所示。

图　3-54

（35）在菜单栏中选择"合成""添加到渲染队列"，在图层面板中单击"输出到"修改输出位置。单击"渲染"完成，如图 3-55 所示。

图　3-55

84

任务三　AutoSway 自动摇摆脚本

 学习目标

> 1. 熟悉 AutoSway 自动摇摆脚本的工作界面。
> 2. 熟悉 AutoSway 自动摇摆脚本的功能菜单。
> 3. 掌握 AutoSway 自动摇摆脚本的木偶工具。
> 4. 掌握 AutoSway 自动摇摆脚本案例制作。

 思政目标

> 1. 树立正确的价值观，弘扬精益求精的精神。
> 2. 传承和发扬工匠精神。
> 3. 培养审美感知能力，提升审美鉴赏能力。

 相关知识

一、AutoSway 自动摇摆脚本简介

AutoSway 脚本可以制作风吹自由摇曳摆动 MG 动画，且完全符合重力学。其易于设置，包含两种模式：①木偶针工具模式，只需应用针脚。②图层模式，多个图层可以在 2D 或 3D 中摇摆。

二、AutoSway 自动摇摆的基本功能

（一）木偶工具

摇摆的图层上从起点到终点应用 Puppet Pins，选择希望摇摆的所有 Puppet Pins，单击"应用"按钮。选择"SwayControl"图层并调整摇摆。

（二）图层模式

此模式允许链接和摆动多个图层，而木偶工具只能摆动一个图层。它可以在 2D 或 3D 中摇摆，也可以弯曲和扭曲。还有一些工具可以帮助划分和复制图层。选择希望摇摆的图层。首先选择要作为起点的图层，然后选择要作为终点的图层。单击"应用"按钮。选择"SwayControl"图层，调整摇摆。

实训项目

案例完成稿 3-3　案例讲解 3-3-1　案例讲解 3-3-2

课堂案例"灯笼摇摆"

案例最终效果如图 3-56 所示。

图　3-56

操作步骤:

一、导入素材

（1）启动 Adobe After Effects CC 2022 软件，进入其操作界面，执行"新建合成"命令，创建一个预设为"合成 1"的合成，设置大小为 800 px×1 400 px，帧速率为 25 帧 / 秒，"持续时间"为 8 秒，"颜色背景"为黑色，如图 3-57 所示。

图　3-57

（2）将"项目"面板中的"梅花 .png""灯笼 .png""背景 .png"拖入下方的"图层"面板。在"图层"面板设置"梅花 .png"图层的参数："锚点"参数为 960.0、960.0，"位置"参数为 484.0、418.0，"缩放"参数为 44.4、44.4；设置"灯笼 .png"图层的参数："锚点"参数为 305.0、495.5，"位置"参数为 1 117.7、1 104.2，"缩放"参数为 225.4、225.4；设置"背景 .png"图层的参数："锚点"参数为 621.0、1 344.0，"位置"参数为 400.0、760.0，"缩放"参数为 67.2、65.9。位置如图 3-58 所示。

图　3-58

（3）"图层面板"设置完各图层参数后，选中"灯笼 .png"，通过"父级和链接"链接到"梅花 .png"（选中后拖拽），如图 3-59 所示。

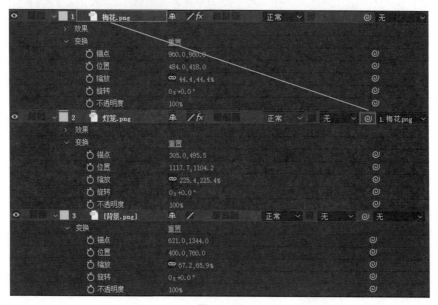

图　3-59

二、给图形打上"人偶位置控点"

（1）在"图层"面板单击"灯笼.png"图层并在工具栏面板选中"人偶位置控点（图钉）"工具。在灯笼的"树枝与绳子的连接处""绳子和灯笼的连接处""灯笼的下端""灯穗的上端""灯穗的中端""灯穗的下端"从上到下依次打下图钉点，如图 3-60 所示。

图　3-60

（2）在"图层"面板单击"梅花.png"图层并在工具栏面板选中"人偶位置控点（图钉）"工具。在梅花枝的"尾端""中端两处""前端"从右到左依次打下图钉点，如图 3-61 所示。

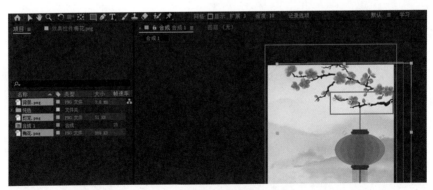

图　3-61

三、制作摆动动画

（1）在"图层"面板中的"灯笼.png"图层中，按 Ctrl 键，从上到下依次选中"变形"效果下的各个图钉点，如图 3-62 所示。

（2）在"图层"面板中，选中"灯笼.png"图层。在菜单栏的"窗口"面板中，单击"AutoSway 自动摇摆中文版.jsxbin"插件，如图 3-63 所示。

图 3—62

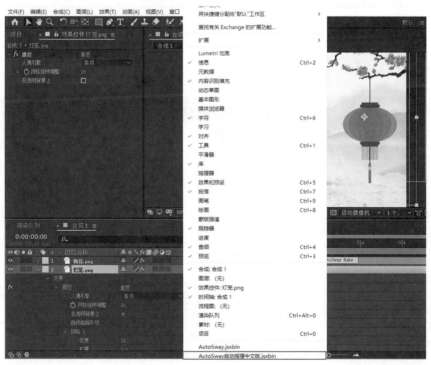

图 3—63

（3）在"AutoSway 自动摇摆中文版 .jsxbin"插件面板中，选择"应用"，如图 3-64
所示。

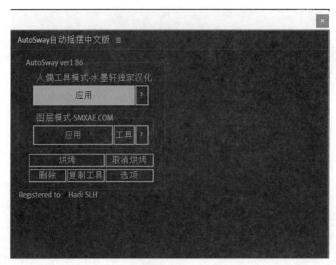

图　3-64

（4）在"图层"面板中选中"[SwayControll]_ 灯笼 .png"并在上面"项目"中修改参数，使灯笼摇摆动画自然。

（5）修改"[SwayControll]_ 灯笼 .png"图层的参数："Sway distance"参数为 352.0、"Sway roundness"参数为 28.0、"Sway Speed"参数为 100.0、"Offset"参数为 8.0、"Lag factor"参数为 540.0，如图 3-65 所示。

图　3-65

（6）在"图层"面板中的"梅花 .png"图层中按 Ctrl 键，从上到下依次选中"变形"效果下的各个图钉点。在"图层"面板中选中"梅花 .png"图层。在菜单栏的"窗口"面板中单击"AutoSway 自动摇摆中文版 .jsxbin"插件，如图 3-66 所示。

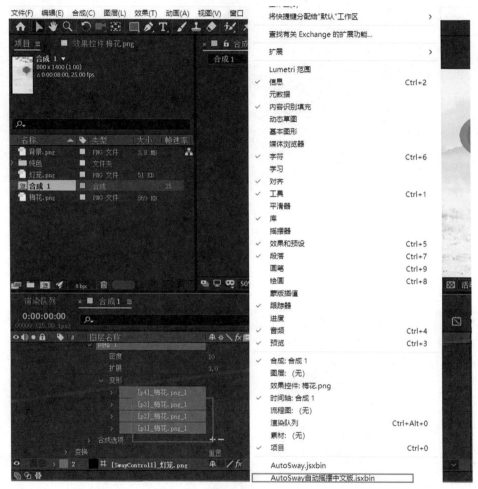

图　3-66

（7）在"AutoSway 自动摇摆中文版 .jsxbin"插件面板中选择"应用"，如图 3-64 所示。

（8）在"图层"面板中选中"[SwayControll]_ 梅花 .png"并在上面"项目"中修改参数，使梅花摇摆动画自然。

（9）修改"[SwayControll]_ 梅花 .png"图层的参数："Sway distance"参数为 352.0、"Sway roundness"参数为 28.0、"Sway Speed"参数为 100.0、"Offset"参数为 8.0、"Lag factor"参数为 540.0，如图 3-67 所示。

图 3-67

（10）在"AutoSway 自动摇摆中文版 .jsxbin"插件面板中选择"烘培"，形成连续的关键帧动画，如图 3-68 所示。

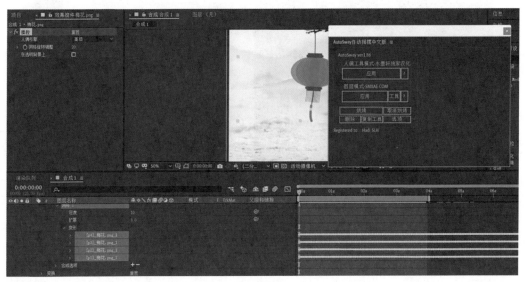

图 3-68

四、文件导出及保存

（1）单击菜单栏的"文件"，选择导出—添加到渲染队列，如图 3-69、图 3-70所示。

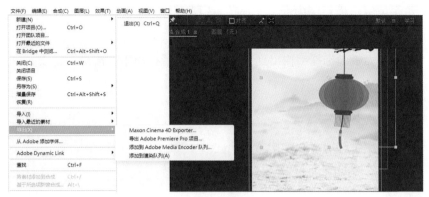

图 3-69

图 3-70

（2）单击"渲染设置"中的"最佳设置"，选择合成"合成 1"品质为最佳，选择合成"合成 1"分辨率为完整，其余默认不变，单击"确定"按钮，如图 3-71 所示。

图 3-71

（3）单击"输出模块"中的"无损"，选择"主要选项"格式为 AVI（音频视频交错格式），其余默认不变，单击"确定"按钮。

（4）在图层面板中选择"输出到"修改输出位置，单击"渲染"完成。

课后案例："小松鼠曲线"

案例完成稿 3-4

根据本项目所学的知识，利用 AutoSway 自动摇摆脚本制作小松鼠摇尾巴的效果，效果如图 3-72 所示。

图　3-72

项目四
MG 动画常规运动案例

导语

　　时间、空间、速度是构成 MG 动画运动原理的三个要素，在制作 MG 动画中，我们不但要让各个图形元素"动"起来，也要赋予其生命，使其"活"起来，所以必须符合运动原理。众所周知，动画运动规律就是前人在自然界中的物体运动中进行分类总结，找到其运动本质，赋予其个人情感，如夸张等表现，并服务于动画制作。

　　本项目从 After Effects 软件平台视角进行以弹性运动、惯性运动、曲线运动等为知识要点的案例制作，从而使读者掌握 MG 动画的制作运动原理和 After Effects 软件关于本项目知识的制作技巧。

项目导引

学习目标	1. 掌握 MG 动画中的弹性运动制作技巧； 2. 掌握 MG 动画中的惯性运动制作技巧； 3. 掌握 MG 动画中的曲线运动制作技巧； 4. 掌握 After Effects 中的相关知识工具； 5. 熟悉 After Effects 中弹性、重复等表达式的用法。
训练项目	1. "Q 弹果冻"案例制作； 2. "植物弹性生长"案例制作； 3. "篮球惯性弹跳"案例制作； 4. "漂流瓶"案例制作。

建议学时

　　12 学时。

任务一　弹性运动案例制作技巧

学习目标

1. 掌握 MG 动画中的弹性运动制作技巧。
2. 掌握 After Effects 中的弹性相关功能工具。
3. 掌握弹性运动相关案例制作。
4. 熟悉 After Effects 中弹性、重复等表达式的用法。

思政目标

1. 以社会主义核心价值观为引领，提升学生对国家的文化自信。
2. 传承和发扬工匠精神。
3. 培养审美感知能力，提升审美鉴赏能力。

相关知识

一、弹性运动的概念

弹性运动就是在外力作用下，物体发生形变后能够恢复原状的运动。物体在受到力的作用时，它的形态和体积会发生变化，这种变化称为"形变"。物体在发生形变时，会存在弹力；形变消失时，弹力也随之消失。

不同质地的物体受到的作用力的大小是不一样的，所发生的形变大小也不一样，所以在运动时表现出来的各种弹性特征在动画片中的表现方式也是不同的。

二、After Effects 软件中弹性运动的制作要点

（一）拉伸和挤压

当物体受到外力时，或多或少会发生形变，拉伸和挤压就是用来表现物体的弹性的，当我们制作弹性物体的时候，需要注意的是无论物体发生任何形变，其体积都是不变的。

（二）密度和作用力

由于物体的材质不同，所受的作用力也不同，物体所受到的弹性效果也不同，常

规而言，在相同的作用力下，密度越小，变形越明显，产生的弹力就越大；密度越大，变形越不明显，产生的弹力也越小。

（三）缓动

在计算机软件中物体可以做匀速运动，但是在自然界中匀速运动是不存在的；为了模拟真实世界的运动规律，我们就要为制作的物体添加缓动，主要有缓动（中间快、两头慢）、缓出（先快后慢）、缓入（先慢后快）。

 实训项目一

课堂案例"Q 弹果冻"

案例最终效果如图 4-1 所示。

案例完成稿 4-1　案例讲解 4-1-1　案例讲解 4-1-2

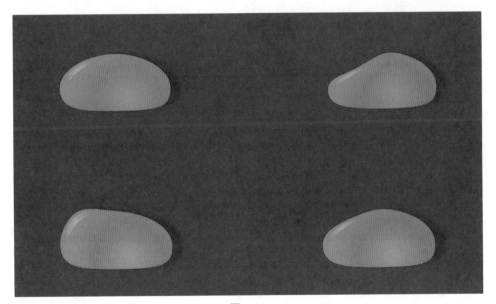

图　4-1

操作步骤：

1. 创建合成

启动 Adobe After Effects CC 2022 软件，进入其操作界面，执行"新建合成"，创建一个预设为"自定义"的合成，并设置合成名称为"Q 弹果冻"，宽、高分别为 1 400 px 和 800 px，帧速率为 25 帧 / 秒，持续时间 8 秒，合成的背景颜色为黑色，然后单击"确定"按钮，如图 4-2 所示。

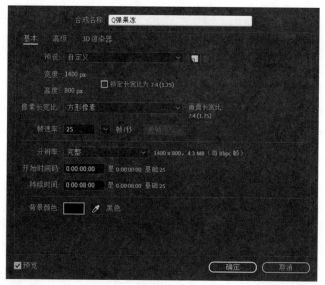

图 4-2

2. 创建纯色层

（1）在"图层面板"中右击，选择新建，创建纯色层，如图4-3所示。

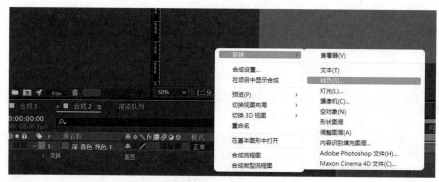

图 4-3

（2）将颜色设置为深青色，并将名称更改为"深青色 纯色 1"，其余不变。

3. 创建形状图层

（1）在工具栏单击"椭圆"工具，绘制一个椭圆，生成形状图层，单击形状图层，右击，选择重命名，把图层名称改为"果冻"，如图4-4所示。

（2）在"图层面板"中单击"椭圆 1"，选择"椭圆路径 1"，右击，选择"转换为贝塞尔曲线路径"，框选"工作区"中的椭圆，将其形状改变为想要的形状，并将描边设置为 0 px，如图4-5、图4-6所示。

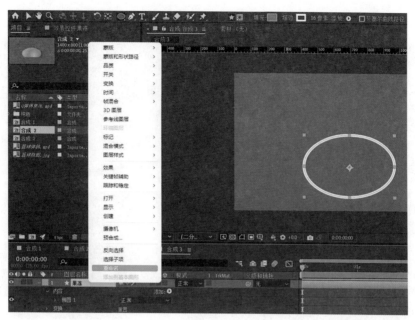

图　4-4

图　4-5

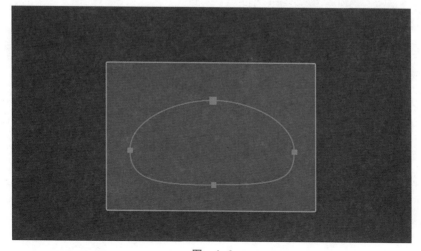

图　4-6

（3）在"工具栏"单击填充，选择"径向渐变"，如图4-7所示。

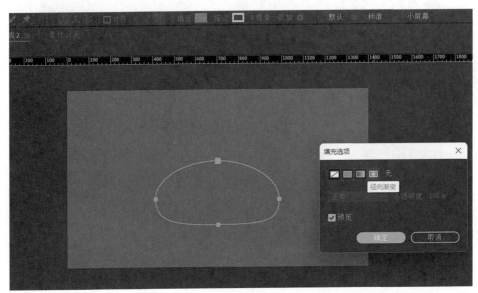

图　4-7

　　（4）在"图层面板"中，单击"渐变填充1"，单击编辑渐变。单击下方第一个"色标"将其改为浅黄色，单击最后一个"色标"将其改为深黄，中间的"色标"颜色更深。并将"起始点"数值设置为62.0、83.0，"结束点"数值设置为-228.0、-30.0，"高光长度"设置为-3.0%，"高光角度"设置为0x-14.8°，如图4-8所示。

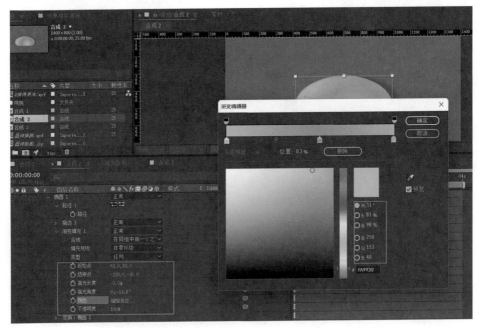

图　4-8

（5）在"工具栏"中单击"钢笔工具"，绘制"高光"，并将描边数值设置为 0 px，单击"填充"选择"径向渐变"，如图 4-9 所示。

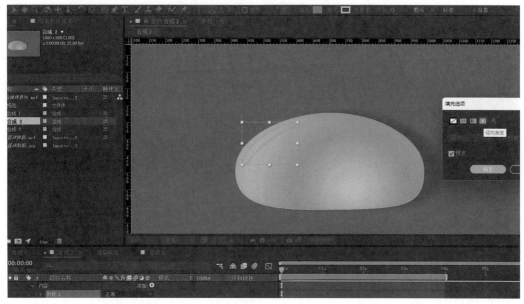

图 4-9

（6）在"图层面板"中单击"渐变填充 1"，选择"编辑渐变"，单击下方"色标"将其全部设置为白色，单击上方"不透明度色标"，选择末尾处，将其数值设置为 0%。单击"起始点"，数值设置为 -173.0、27.0，单击"结束点"，数值设置为 -93.0、-13.0，单击"不透明度"，数值设置为 63%，如图 4-10 所示。

图 4-10

（7）在效果和预设中，在"扭曲"中找到"CC smear"效果，单击"CC Smear"效果，将"CC Smear"效果拖动至"果冻"图层，如图 4-11 所示。

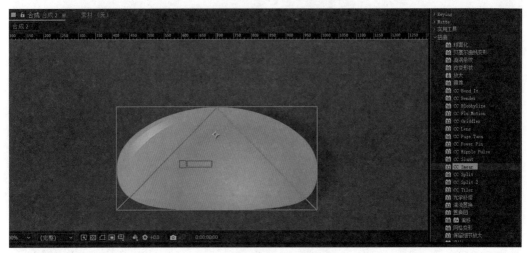

图　4-11

（8）单击"效果"，点开"CC Smear"，单击"From"，数值设置为 490.0、288.0，单击"To"，数值设置为 456.0、219.0，单击"Radius"，数值设置为 248.0，如图 4-12 所示。

图　4-12

（9）将时间轴中的指针移到 0s 处，将"Reach"前面的小秒表点上数值设置为 0.0，将时间轴中的指针移到 00∶19s 处，数值设置为 -91.0，指针移到 01∶00s 处，数值设置为 -96.0，指针移到 01∶09s 处，数值设置为 78.9，指针移到 01∶17s 处，数值设置为 -44.1，指针移到 01∶24s 处，数值设置为 40.5，指针移到 02∶04s 处，数值设置为 -35.0，指针移到 02∶10s 处，数值设置为 24.9，指针移到 02∶15s 处，数值设置为 -22.9，指针移到 02∶19s 处，数值设置为 13.0，指针移到 02∶23s 处，数值设置为 -10.9，指针移到 03∶02s 处，数值设置为 5.8，指针移到 03∶04s 处，数值设置为 -5.0，指针移到 03∶06s 处，数值设置为 0.0，全选关键帧，按 F9 键，如图 4-13 所示。

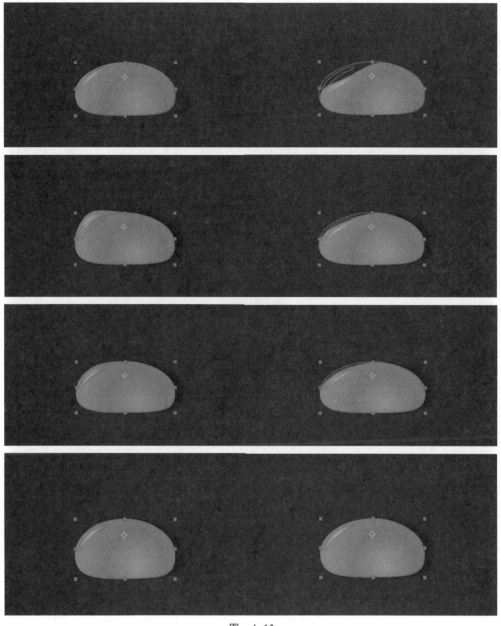

图　4-13

（10）在效果和预设中，在透视中找到"投影"，单击"投影"，将"投影"拖动到"果冻"图层。

（11）单击"投影""阴影颜色"，将其改为比背景颜色更深一点的青色，单击"不透明度"，数值设置为 50%，单击"方向"，数值设置为 0x+86.0°，单击"距离"，数值设置为 52.0，单击"柔和度"，数值设置为 52.0，如图 4-14 所示。

图 4-14

4. 导出

（1）进入 AE 的操作界面，单击左上角的"文件（F）"，单击导出，选择添加到渲染队列（A），如图 4-15 所示。

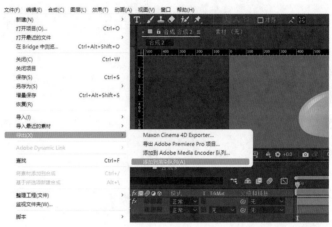

图 4-15

（2）进入渲染界面后，单击"渲染"导出完成，如图 4-16 所示。

图 4-16

 实训项目二

课堂案例"植物弹性生长"

案例最终效果如图 4-17 所示。

案例完成稿 4-2　　案例讲解 4-2-1

案例讲解 4-2-2　　案例讲解 4-2-3

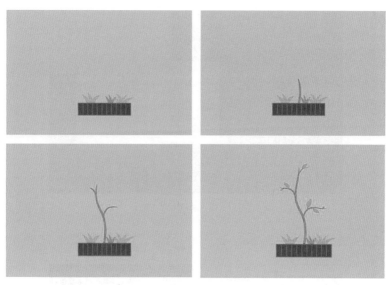

图 4-17

操作步骤：

1. 创建合成和纯色层

（1）启动 Adobe After Effects CC 2022，新建合成，修改合成设置宽度为"1910px"、高度为"1280px"、持续时间为"0：00：08：00"，如图 4-18 所示。

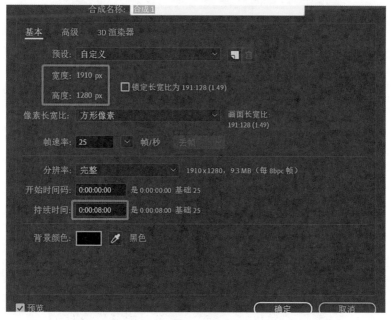

图 4-18

（2）在时间轴—"图层"面板右击，新建纯色层，如图 4-19 所示。

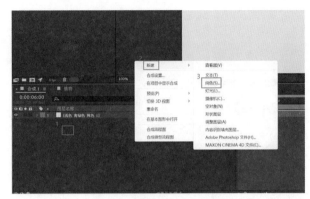

图 4-19

（3）在纯色设置中修改颜色为 RGB（188，201，193），如图 4-20 所示。

图 4-20

2. 制作花盆和小草部分

（1）在工具栏面板选择"矩形工具"，绘制一个矩形，设置填充颜色为 RGB（106，58，37），描边颜色为 RGB（142，89，66），描边宽度为 9 px，如图 4-21 所示；修改位置为 884.0，606.0，如图 4-22 所示。

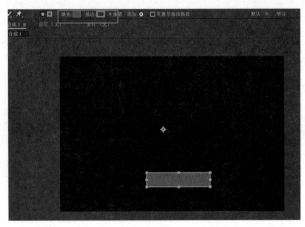

图 4-21

图 4-22

（2）在工具栏面板选择"钢笔工具"，按 Shift 键在"形状图层 4"上画一条直线，如图 4-23 所示；在"形状图层 5"添加中继器，如图 4-24 所示。

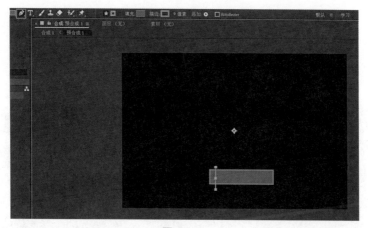

图 4-23

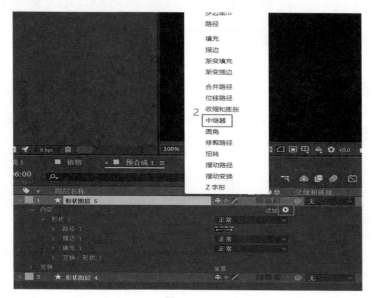

图 4-24

（3）修改中继器副本数量为"10"，调整形状图层的位置49.0，0.0，如图4-25
所示。

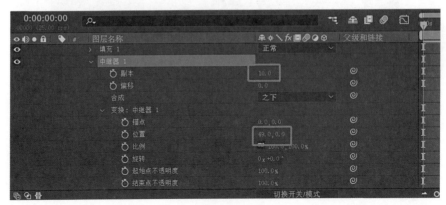

图 4-25

（4）选择"形状图层4"图层，复制（Ctrl+D组合键）"形状图层4"图层把它移
到"形状图层5"图层上方，如图4-26所示；全选右击预合成，如图4-27所示。

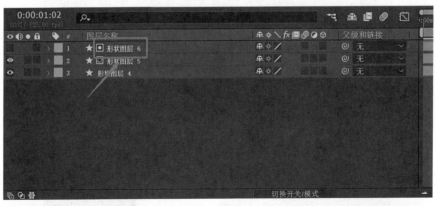

图 4-26

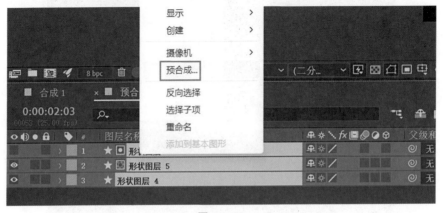

图 4-27

（5）选择"预合成 1"在第 12 帧设置"变换—缩放"为 100%，并激活关键帧记录器，如图 4-28 所示。

图　4-28

（6）选择"预合成 1"在第 5 帧设置"变换—缩放"为 0%，并激活关键帧记录器，如图 4-29 所示。

图　4-29

（7）按快捷键 F9，把关键帧的插值变为贝塞尔曲线，如图 4-30 所示。

图　4-30

（8）在工具栏面板选择"钢笔工具"，绘制一棵小草，修改填充颜色为 RGB（147，177，15），修改描边宽度为 0 px，如图 4-31 所示。

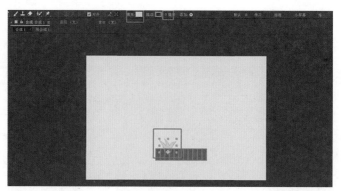

图 4-31

（9）在工具栏面板选择"钢笔工具"，绘制第二棵小草，修改填充颜色为 RGB（130，154，26），修改描边宽度为 0 px，如图 4-32 所示。

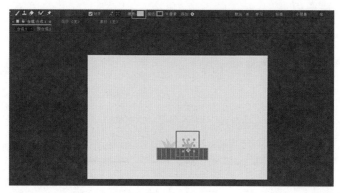

图 4-32

（10）在工具栏面板选择"钢笔工具"，绘制第三棵小草，修改填充颜色为 RGB（175，177，15），修改描边宽度为 0 px，如图 4-33 所示。

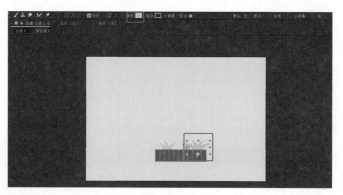

图 4-33

3. 制作植物主体部分

（1）在工具栏面板选择"钢笔工具"，绘制"形状图层 4"，设置填充为"无"，修改描边颜色为 RGB（19，131，86），描边宽度为 15 px，如图 4-34 所示。

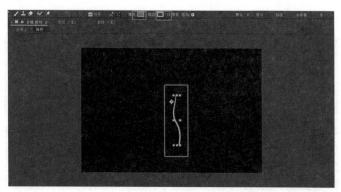

图　4-34

（2）在工具栏面板选择"钢笔工具"，绘制"形状图层5"，设置填充为"无"，修改描边颜色为 RGB（19，131，86），描边宽度为 10 px，如图 4-35 所示。

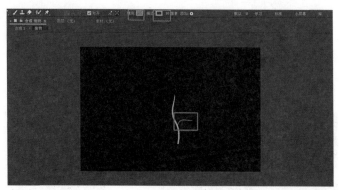

图　4-35

（3）在工具栏面板选择"钢笔工具"，绘制"形状图层6"，设置填充为"无"，修改描边颜色为 RGB（19，131，86），描边宽度为 5 px，如图 4-36 所示。

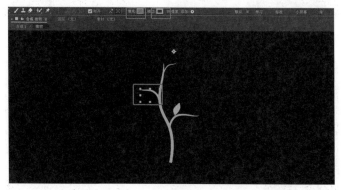

图　4-36

（4）在工具栏面板选择"钢笔工具"，绘制"形状图层7"，设置填充为"无"，修改描边颜色为 RGB（19，131，86），描边宽度为 5 px，如图 4-37 所示。

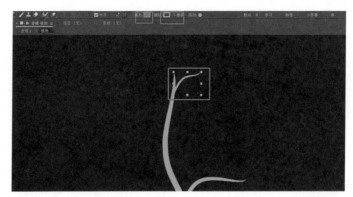

图 4-37

（5）在工具栏面板选择"钢笔工具"，绘制叶子，如图 4-38 所示，设置填充颜色 RGB 为（12，159，100），修改描边颜色 RGB 为（27，101，71），描边宽度为 0 px；不要选中任何图层，直接使用"钢笔工具"绘制图 4-39 所示的植物枝干。绘制前，将填充颜色 RGB 设置为（12，159，100），修改描边颜色 RGB 为（19，131，86），描边宽度为 4 px；绘制时，注意画每一笔都要选中该形状图层，这样绘制出的每一根线条都会在同一个图层上，以便后面整体地控制它们。

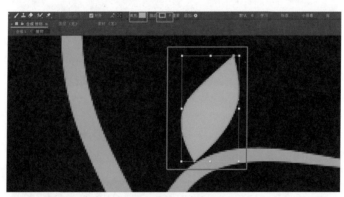

图 4-38

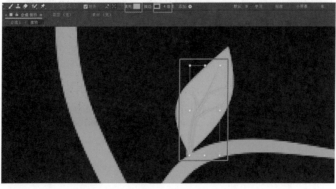

图 4-39

（6）选择"叶子"图层，右击重命名，如图 4-40 所示。

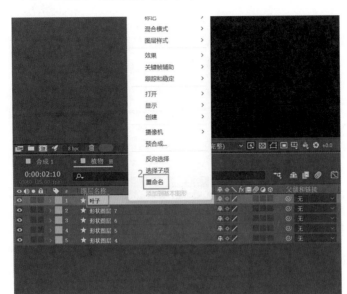

图 4-40

（7）修改为"大叶子 1"，如图 4-41 所示。

图 4-41

（8）选择"大叶子 1"图层，复制"大叶子 1"图层，分别命名为"中叶子 1""小叶子 1""大叶子 2""中叶子 2""大叶子 3"，如图 4-42 所示。

图 4-42

（9）分别调整叶子的大小、位置、旋转，把植物主体部分摆放好，如图4-43所示。

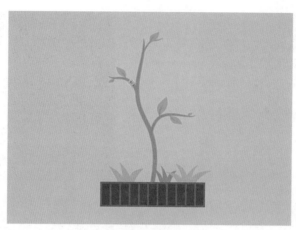

图 4-43

4. 制作花盆和小草部分动画

选择【预合成1】、"形状图层6""形状图层4""形状图层5"图层，单击"变换—缩放"，按Alt键，单击关键帧记录器输入表达式，如图4-44所示。表达式如下：

amp=0.1;

freq=2;

decay=2;

n=numKeys;

if (n==0) {value;}

else{

t=time-key (n).time;

if (t>0) {v=velocityAtTime (key (n) .time-thisComp.frameDuration/10);

value+v*amp*Math.sin (freq*2*Math.PI*t) /Math.exp (decay*t); }

else{value};

}

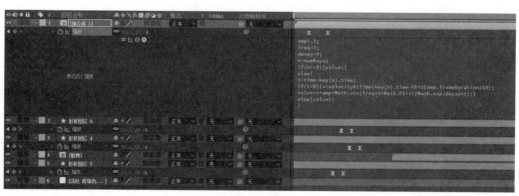

图 4-44

5. 制作植物主体部分动画

（1）选择"形状图层 4"，右击添加修剪路径，如图 4-45 所示。

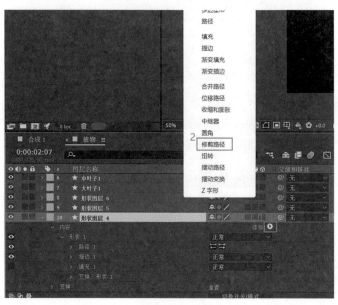

图　4-45

（2）在第 2 秒第 7 帧设置"内容—修剪路径 1—开始"为 0%，并激活关键帧记录器，如图 4-46 所示。

图　4-46

（3）在第 0 秒设置"内容—修剪路径 1—开始"为 100%，并激活关键帧记录器，如图 4-47 所示。

图　4-47

（4）按快捷键 F9，把关键帧的插值变为贝塞尔曲线，如图 4-48 所示。

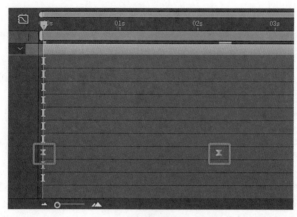

图　4-48

（5）同上，选择"形状图层 5"右击添加修剪路径；在第 8 帧设置"内容—修剪路径 1—结束"为 0%，并激活关键帧记录器，如图 4-49 所示；在第 2 秒设置"内容—修剪路径 1—结束"为 100%，并激活关键帧记录器，如图 4-50 所示；按快捷键 F9 把关键帧的插值变为贝塞尔曲线。

图　4-49

图　4-50

（6）同上，选择"形状图层 6"右击添加修剪路径；在第 11 帧设置"内容—修剪路径1—结束"为 0%，并激活关键帧记录器，如图 4-51 所示；在第 2 秒第 3 帧设置"内容—修剪路径 1—结束"为 100%，并激活关键帧记录器，如图 4-52 所示；按快捷键 F9，把关键帧的插值变为贝塞尔曲线。

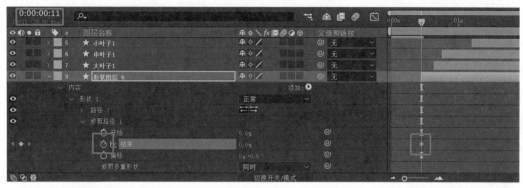

图　4-51

图　4-52

（7）同上，选择"形状图层 7"右击添加修剪路径；在第 1 秒第 9 帧设置"内容—修剪路径 1—结束"为 0%，并激活关键帧记录器，如图 4-53 所示；在第 3 秒第 1 帧设置"内容—修剪路径 1—结束"为 100%，并激活关键帧记录器，如图 4-54 所示；按快捷键 F9，把关键帧的插值变为贝塞尔曲线。

图　4-53

图 4-54

（8）选择"大叶子 1"图层，在第 16 帧设置"变换—缩放"为 0%，"变换—旋转"为 +41.0°，并激活关键帧记录器，如图 4-55 所示；在第 24 帧设置"内容—缩放"为 100%，"变换—旋转"为 0°，并激活关键帧记录器，如图 4-56 所示；按快捷键 F9，把关键帧的插值变为贝塞尔曲线。

图 4-55

图 4-56

（9）选择"中叶子 1"图层，在第 20 帧设置"变换—缩放"为 0%，"变换—旋转"为 -62.0°，并激活关键帧记录器，如图 4-57 所示；在第 1 秒第 3 帧设置"内容—缩放"为 -73%，"变换—旋转"为 -35°，并激活关键帧记录器，如图 4-58 所示；按快捷键 F9，把关键帧的插值变为贝塞尔曲线。

图   4-57

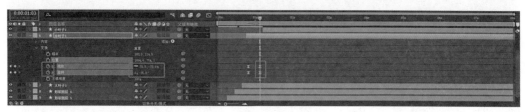

图   4-58

（10）选择"小叶子1"图层，在第1秒第5帧设置"变换—缩放"为0%，"变换—旋转"为+74.0°，并激活关键帧记录器，如图4-59所示；在第1秒第13帧设置"内容—缩放"为29%，"变换—旋转"为+33°，并激活关键帧记录器，如图4-60所示；按快捷键F9，把关键帧的插值变为贝塞尔曲线。

图   4-59

图   4-60

（11）选择"小叶子2"图层，在第22帧设置"变换—缩放"为0%，"变换—旋转"为 –55.0°，并激活关键帧记录器，如图 4-61 所示；在第 1 秒第 4 帧设置"内容—缩放"为 100%，"变换—旋转"为 –21°，并激活关键帧记录器，如图 4-62 所示；按快捷键 F9，把关键帧的插值变为贝塞尔曲线。

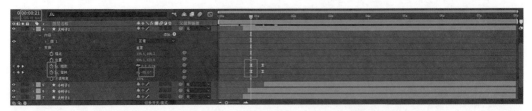

图 4-61

图 4-62

（12）选择"大叶子2"图层，在第22帧设置"变换—缩放"为0%，"变换—旋转"为 –55.0°，并激活关键帧记录器，如图 4-63 所示；在第 1 秒第 4 帧设置"内容—缩放"为 100%，"变换—旋转"为 –21°，并激活关键帧记录器，如图 4-64 所示；按快捷键 F9，把关键帧的插值变为贝塞尔曲线。

图 4-63

图 4-64

（13）选择"中叶子 2"图层，在第 1 秒第 5 帧设置"变换—缩放"为 0%，"变换—旋转"为 –62.0°，并激活关键帧记录器，如图 4-65 所示；在第 1 秒第 13 帧设置"内容—缩放"为 –73%，"变换—旋转"为 –35°，并激活关键帧记录器，如图 4-66 所示；按快捷键 F9，把关键帧的插值变为贝塞尔曲线。

图 4-65

图 4-66

（14）选择"大叶子 3"图层，在第 1 秒第 18 帧设置"变换—缩放"为 0%，"变换—旋转"为 –55.0°，并激活关键帧记录器，如图 4-67 所示；在第 2 秒第 1 帧设置"内容—缩放"为 100%，"变换—旋转"为 –21°，并激活关键帧记录器，如图 4-68 所示；按快捷键 F9，把关键帧的插值变为贝塞尔曲线。

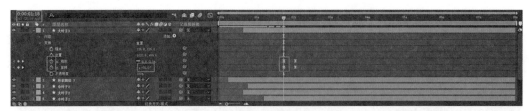

图　4-67

图　4-68

（15）分别把"大叶子 3"图层移到第 16 帧、"形状图层 7"图层移到第 6 帧、"中叶子 2"图层移到第 19 帧、"大叶子 2"图层移到第 16 帧、"小叶子 1"图层移到第 1秒第 5 帧、"中叶子 1"图层移到第 19 帧、"大叶子 1"图层移到第 16 帧、"形状图层 6"图层移到第 11 帧、"形状图层 5"图层移到第 6 帧、"形状图层 4"图层移到第 0 帧，如图 4-69~ 图 4-78 所示。

图　4-69

图　4-70

图 4-71

图 4-72

图 4-73

图 4-74

图 4-75

图 4-76

图 4-77

图 4-78

（16）选择"大叶子 1"图层，单击"变换—缩放"，按 Alt 键，单击关键帧记录器输入表达式，如图 4–79 所示。表达式如下：

```
amp=0.1；
freq=2；
decay=2；
n=numKeys；
if（n==0）{value；}
else{
t=time-key（n）.time；
if（t>0）{v=velocityAtTime（key（n）.time-thisComp.frameDuration/10）；
value+v*amp*Math.sin（freq*2*Math.PI*t）/Math.exp（decay*t）；}
else{value}；
}
```

图　4–79

（17）选择这些图层右击新建预合成，如图 4–80 所示；修改预合成名称为"植物"，如图 4–81 所示；把"植物"预合成拖到第 1 秒第 11 帧，如图 4–82 所示。

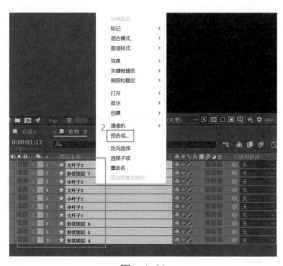

图　4–80

125

图 4-81

图 4-82

（18）单击"文件—保存"，再单击"文件—导出—添加到渲染队列"，最后单击渲染输出。

任务二　惯性运动案例制作技巧

 学习目标

1. 掌握 MG 动画中的惯性运动制作技巧。

2. 掌握 After Effects 中的惯性相关功能工具。

3. 掌握惯性运动相关案例制作。

4. 熟悉 After Effects 中图表编辑器的用法。

 思政目标

1. 以社会主义核心价值观为引领，提升学生对国家的文化自信。

2. 传承和发扬工匠精神。

3. 培养审美感知能力，提升审美鉴赏能力。

相关知识

一、惯性运动

一个物体所受外力的合力为零时，它将保持静止状态或匀速直线运动状态。对于一个物体来说，当所受外力的合力为零时，我们就定义该物体是处于平衡状态。当物体所受的外力大于反作用力，但是被反作用力持续影响直至抵消，这个过程也被称为惯性运动。

根据物体形状的不同，各种物体可以有一个或多个平衡位置，当物体处于非平衡状态，它总要通过惯性运动达到某个平衡位置。

二、After Effects 软件中惯性运动的制作要点

（一）作用力和反作用力

在动画的创作中要考虑到物体之间的作用力和反作用力的影响，可以适当夸张，例如在打出炮弹的同时，大炮本身也产生了反方向的剧烈变形。

（二）加速度和减速度

在制作物体的惯性运动时，要时刻注意地心引力的影响。例如小皮球在向前做惯性运动时，由于引力的关系，小球运动呈现出抛物线向下做加速度运动，又因为地面的反作用力，皮球产生了形变，从而产生反弹力，当反弹力向上运动时，又受到地心引力影响而出现了减速度。

 实训项目

课堂案例"篮球惯性弹跳"

案例完成稿 4-3

案例讲解 4-3-1

案例讲解 4-3-2

案例最终效果如图 4-83 所示。

图 4-83

操作步骤：

（1）新建项目，执行新建合成；合成设置的参数宽度为 1 400 px，高度为 800 px，帧速率 25 帧 / 秒，持续时间为 8 秒，其余参数为默认，单击"确定"按钮，如图 4-84 所示。

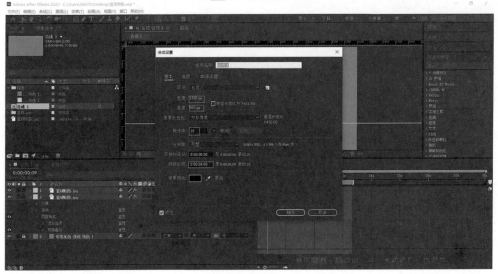

图　4-84

（2）选择文件—导入—文件（快捷键 Ctrl+I），导入篮球贴图，如图 4-85 所示。

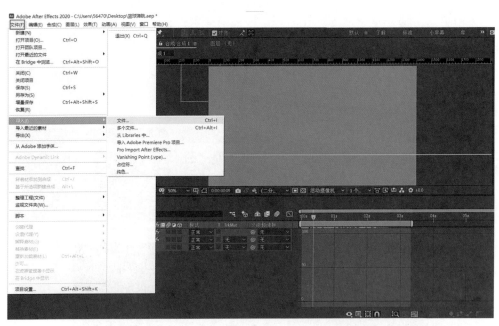

图　4-85

（3）右击新建—纯色，建立一个纯色层，设置颜色为中等灰色—青色，如图 4-86 所示。

图　4-86

（4）将篮球贴图放入图层面板，如图 4-87 所示。

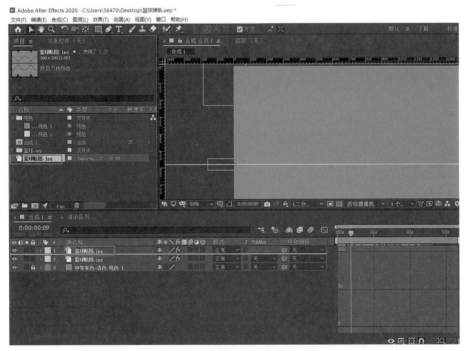

图　4-87

（5）在效果和预设中选择透视—CC Sphere，将其拖到篮球贴图图层上，如图 4-88
所示。

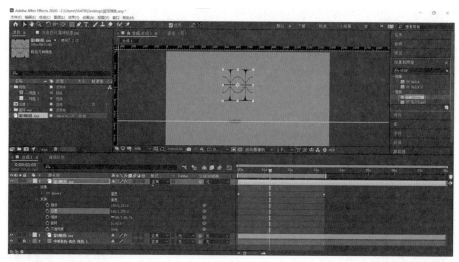

图 4-88

（6）打开篮球贴图的效果控件；设置 Rotation，Rotation X 数值为：0x+107.6；Rotation Y 数值为：1x+34.2；Rotation Z 数值为：0x-75.4；选择 Radius 数值为：64.6；Offset 数值为：150.0，150.0；Light Intensity 数值为：165.0；Light Color 颜色为白色；Light Height 数值为：42.0；Light Direction 数值为：0x-41.0；Ambient 数值为：148.0；Diffuse 数值为：72.0；Specular 数值为：0.0；Rughness 数值为：0.238；Metal 数值为：100.0；Reflective 数值为：0.0，其余设置默认，如图 4-89 所示。

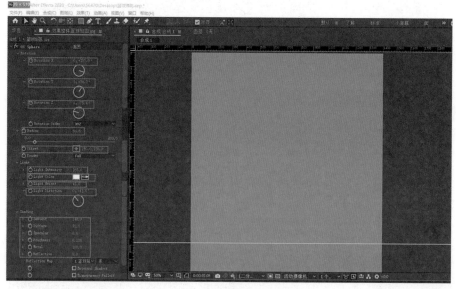

图 4-89

（7）选择标尺，将其拖入合成面板底部位置，模拟篮球弹跳的地面，如图 4-90所示。

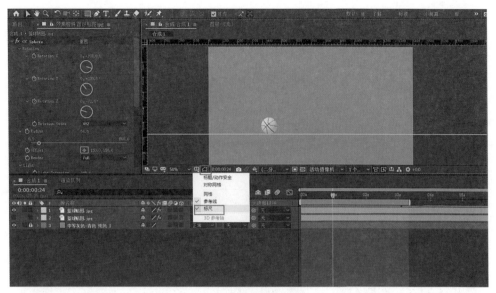

图 4—90

（8）选择变换—位置，并在第1帧处打开位置关键帧，第1帧位置的数值为：
-101.0，75.0；第1秒位置的数值为：411.0，524.0；第1秒第18帧位置的数值为：
726.8，222.5；第2秒位置的数值为：1 045.0，525.0；第2秒第18帧位置的数值为：
1 361.3，308.5；第3秒位置的数值为：1 602.0，550.0，如图4-91所示。

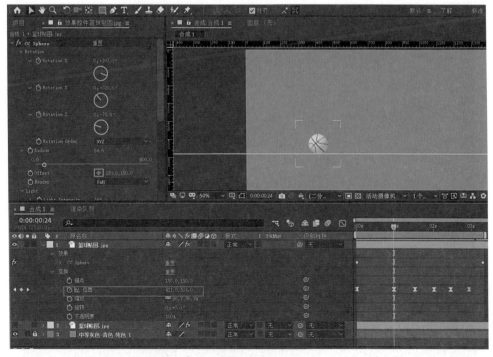

图 4—91

131

（9）用选取工具按 Alt 键将路径调整到图中的路径，作为篮球弹跳的运动路径，如图 4-92 所示。

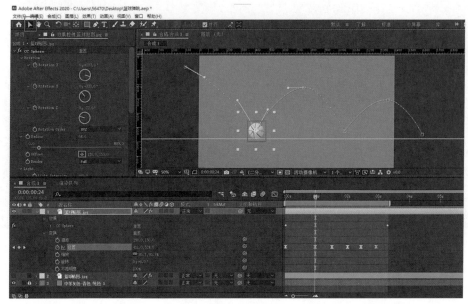

图 4-92

（10）选择并在第 1 帧开启 Rotation X、Rotation Y、Rotation Z，Rotation X 数值为：0x+104.5；Rotation Y 数值为：0x+26.3；Rotation Z 数值为：0x-61.2；在第 3 秒第 2 帧处设置 Rotation X 数值为：0x+113.0，Rotation Y 数值为：2x+312.0，Rotation Z 数值为：0x-100.0，如图 4-93 所示。

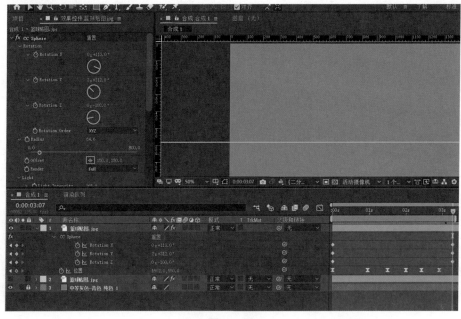

图 4-93

（11）全选位置关键帧，选中图表编辑器，并选择编辑速度图表，如图 4-94、图 4-95 所示。

图　4-94

图　4-95

（12）设置将图表编辑器的数值。第 1 帧位置的数值为：0；第 1 秒位置的数值为：2 250；第 1 秒第 18 帧位置的数值为：450；第 2 秒位置的数值为：1 750；第 2 秒第 18 帧位置的数值为：500；第 3 秒位置的数值为：1 250，如图 4-96 所示。

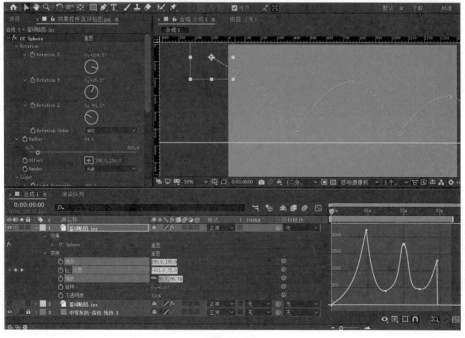

图　4-96

（13）选择"篮球贴图"图层，按 Ctrl+D 组合键复制图层，将其重命名为"篮球阴影"，选择转换"顶点"工具，单击路径顶点，将其路径转化为直线，如图 4-97 所示。

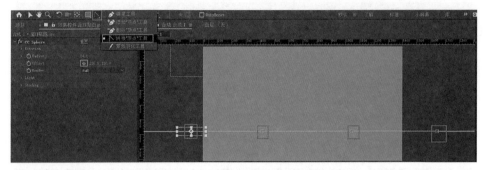

图　4-97

（14）选择篮球阴影图层右击选中图层样式，如图 4-98 所示。

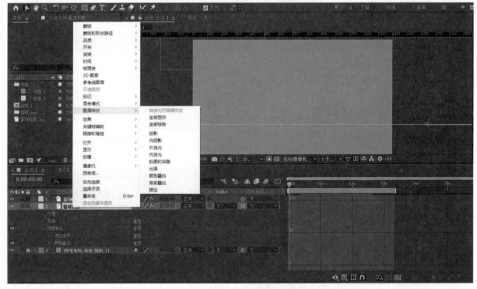

图　4-98

（15）选择篮球阴影—图层样式，混合模式—正常，颜色—深灰绿，不透明度—100%，如图 4-99 所示。

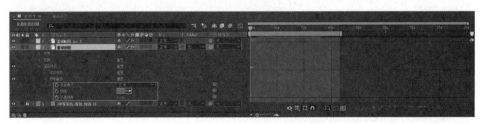

图　4-99

（16）打开缩放关键帧，第 1 帧的数值为：68.7，18.8；第 1 秒的数值为：104.7，28.6；第 1 秒第 18 帧的数值为：83.7，22.8；第 2 秒的数值为：104.7，28.6；第 2 秒第 18 帧的数值为：83.7，22.8；第 3 秒的数值为：104.7，28.6，如图 4–100 所示。

图　4–100

（17）第 1 帧的数值为：0；第 1 秒的数值为：1 800；第 2 秒的数值为：1 800；第 3 秒第 10 帧的数值为：300，如图 4–101 所示。

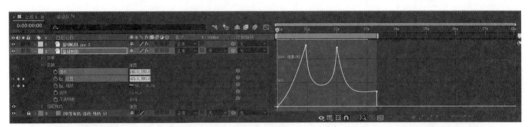

图　4–101

（18）选择文件—导出—添加到渲染队列，如图 4–102 所示。

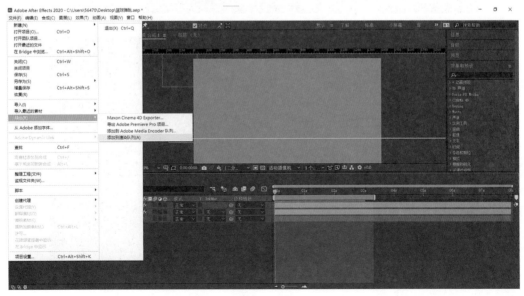

图　4–102

（19）输出模块格式为 AVI，其余设置为默认，输出到桌面并将其重命名，如图 4-103、图 4-104 所示。

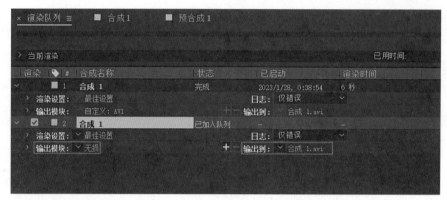

图　4-103

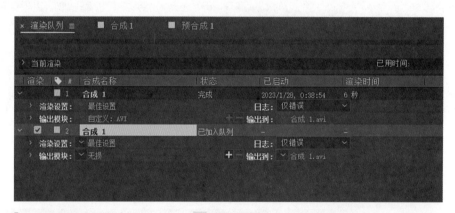

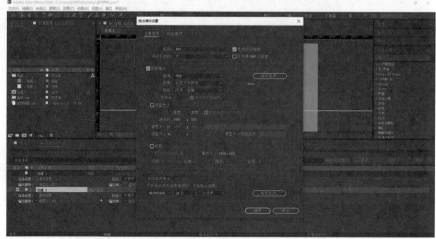

图　4-104

任务三　曲线运动案例制作技巧

 学习目标

1. 掌握 MG 动画中的曲线运动制作技巧。
2. 掌握 After Effects 中的曲线相关功能工具。
3. 掌握曲线运动相关案例制作。
4. 掌握 After Effects 中"波形变形"等效果的用法。

 思政目标

1. 以社会主义核心价值观为引领，提升学生对国家的文化自信。
2. 传承和发扬工匠精神。
3. 培养审美感知能力，提升审美鉴赏能力。

 相关知识

一、什么是曲线运动

曲线运动是由于物体在运动中受到与它的速度、方向呈一定角度的力的作用而形成的区别于直线运动的一种运动规律。曲线运动是一种柔和、圆滑、优美、和谐的运动。

在现实生活中，所有的运动都是弧线的，在 MG 动画中，连接主要画面的动作都是使用圆滑的曲线进行动作设定的，如角色的走路跑步、旗子的飘扬、动物的尾巴等。自然界中常见的曲线运动有弧线曲线、波形曲线和 S 形曲线。

二、After Effects 软件中曲线运动的制作要点

（一）物体的主动力和被动力

在波形或者 S 形曲线运动中，有主动力和被动力的共同作用，主动力是指带动物体运动的发力点，也就是启动点；被动力是指被动部位的追随力点，也就是带动点。例如动物的尾巴做运动时，尾巴根部是发力点，尾巴的尾部是追随力点。

（二）波状力的传递

在自然界中把震动的传播过程称为波。凡是质地柔软的物体受到力的作用，受力点都会以波的形式从发力点向追随力点推移，从而产生曲线运动；在制作 MG 动画时，要注意"人偶位置控点工具（图钉工具）"的运用，同时需要注意力的传递中的起伏问题。

（三）"波形变形"效果的运用

在 AE 的扭曲效果组中，使用"波形变形"效果功能，可以完成部分曲线运动的效果制作。"波形变形"效果可以设置正弦、三角波、方波、杂色等波形类型，也可以设置波形高度、宽度、方向、速度等，功能比较全面。

 实训项目

课堂案例"漂流瓶"

案例最终效果如图 4–105 所示。

案例完成稿 4-4　　案例讲解 4-4-1　　案例讲解 4-4-2　　案例讲解 4-4-3

图　4–105

操作步骤：

1. 新建合成

启动 Adobe After Effects CC 2022，在项目面板右击"新建合成"，将"合成名称"改为"合成 1"，宽度选择"1200 px"，高度选择"800 px"，帧速率选择"25 帧 /秒"，持续时间改为"0∶00∶08∶00"，背景颜色选择"黑色"，单击"确定"按钮，如图 4–106 所示。

图 4-106

2. 制作瓶身

（1）在"时间轴"面板右击，新建"形状图层 1"，如图 4-107 所示；选择"形状图层 1"按 Enter 键重命名，将"形状图层 1"命名为"瓶身"，如图 4-108 所示。

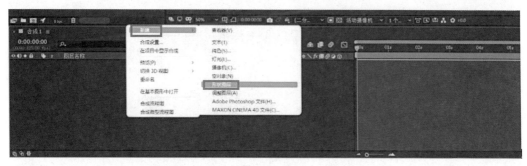

图 4-107

图 4-108

（2）单击形状图层"瓶身"，在工具栏中选择"圆角矩形工具"，如图 4-109 所示；在合成面板绘制一个圆角矩形并命名为"瓶边"，如图 4-110 所示；修改圆角矩形的"描边颜色"为 RGB（7，214，255），"描边宽度"为 13 px，"填充"为无。

图 4-109

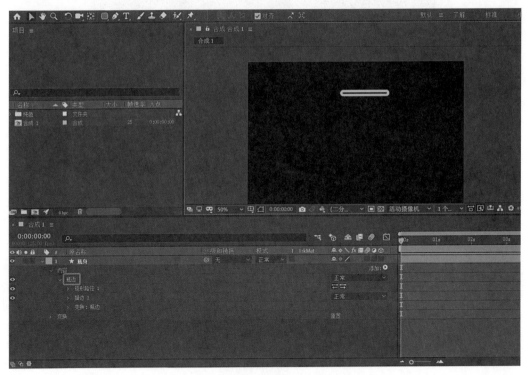

图 4-110

（3）单击形状图层"瓶身"，在工具栏中选择"圆角矩形工具"，在合成面板中绘制一个"圆角矩形"并命名为"瓶口"，如图 4-111 所示；修改圆角矩形的"描边颜色"为 RGB（7，214，255），"描边宽度"为 13 px，"填充"为无。

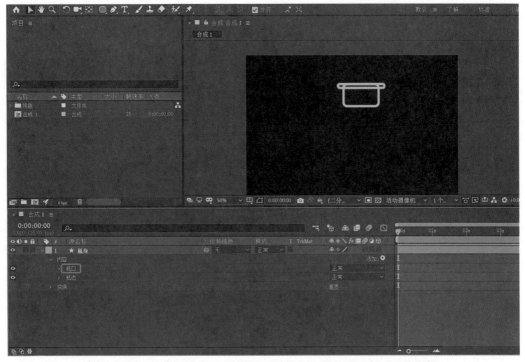

图 4-111

（4）单击形状图层"瓶身"，在工具栏中选择"椭圆工具"，在合成面板中绘制一个"椭圆"并命名为"瓶底"，如图 4-112 所示；修改椭圆的"描边颜色"为 RGB（7，214，255），"描边宽度"为 13 px，"填充"为无。

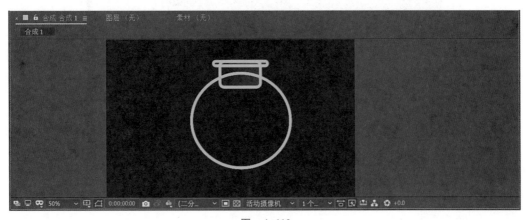

图 4-112

（5）单击形状图层"瓶身"，在工具栏中选择"圆角矩形工具"，在合成面板中绘制一个"圆角矩形"并命名为"瓶底"，如图 4-113 所示；修改圆角矩形的"描边宽度"

为无，"填充颜色"为 RGB（140，76，6）。

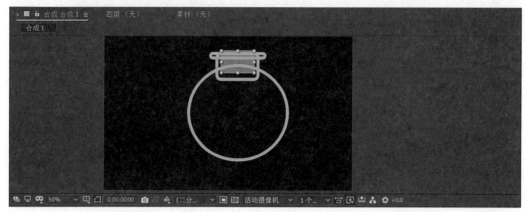

图　4-113

（6）右击"添加"，单击"合并路径"，模式选择"相加"，如图 4-114 所示。

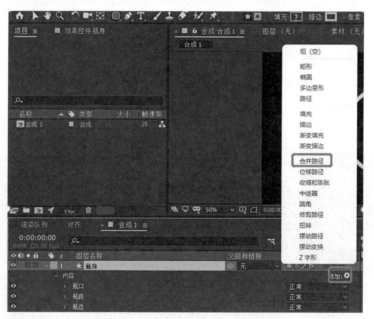

图　4-114

（7）单击形状图层"瓶身"，单击菜单栏打开"效果"，选择"风格化"，选择"发光"，如图 4-115 所示；效果如图 4-116 所示。

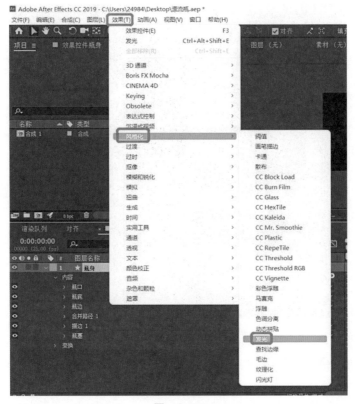

图 4–115

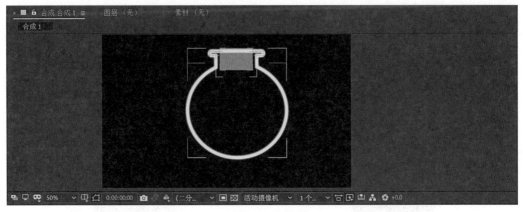

图 4–116

3. 制作瓶内部分

（1）单击形状图层"瓶身"，按 Ctrl+D 组合键复制一个新的形状图层，并将它重命名为"水"，将它放置在形状图层"瓶身"的上一层，删除形状图层"水"里的其他图层，只留下"瓶底"图层，将"瓶底"图层的"描边"删除，并添加"填充"，填充的"颜色"为 RGB（0，255，236），"不透明度"调整为 74%，如图 4–117 所示。

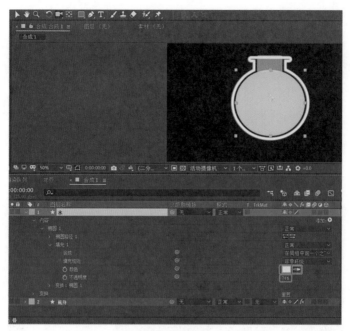

图 4-117

（2）在"时间轴"面板右击，新建"形状图层1"并将其重命名为"波浪遮罩"，放置在形状图层"水"的上方，在工具栏中选择"矩形工具"，填充的"颜色"为RGB（255，0，0），单击菜单栏打开"效果"，选择"扭曲""波形变形"，如图4-118所示；波浪类型选择"正弦"，波形高度选择"9"，波形宽度选择"118"，方向选择"90°"，波形速度选择"0.8"，消除锯齿选择"低"，如图4-119所示。

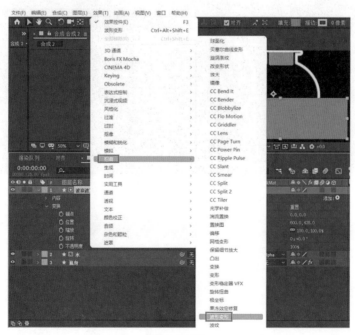

图 4-118

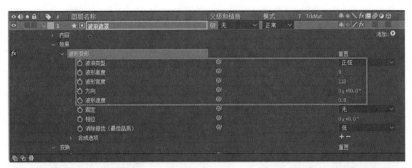

图 4-119

（3）在形状图层"水"中对形状图层"波浪遮罩"进行轨道遮罩，选择 Alpha 遮罩"波浪遮罩"，如图 4-120 所示。

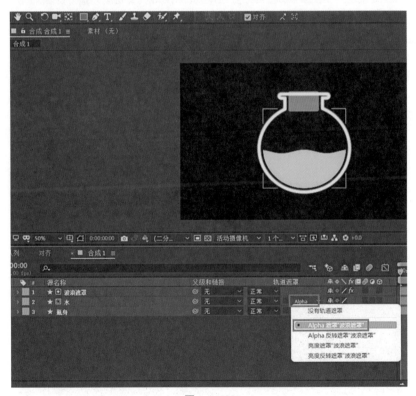

图 4-120

（4）在"时间轴"面板右击，新建"形状图层 1"并将其重命名为"船身"，放置在形状图层"波浪遮罩"的上方，在工具栏中选择"钢笔工具"，绘制一个"船身"，修改填充的"颜色"为 RGB（226，154，0），修改描边的"颜色"为 RGB（194，133，0），描边的宽度为 6 px，如图 4-121 所示。

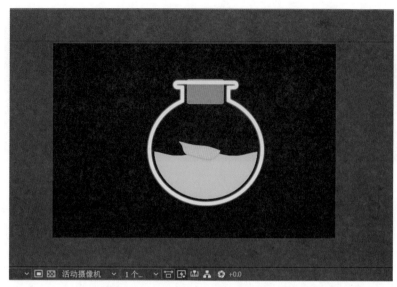

图　4-121

（5）在工具栏中选择钢笔、椭圆工具在船身的右上角绘制一个"椭圆"，修改填充的"颜色"为 RGB（226，154，0），修改描边的"颜色"为 RGB（69，48，2），描边的"宽度"为 6 px。单击图层"椭圆 1"，按 Ctrl+D 组合键复制一个新的图层"椭圆 2"，修改填充的"颜色"为 RGB（226，154，0），修改描边的"颜色"为 RGB（136，94，4），描边的"宽度"为 6 px，放置在"椭圆 2"的左上方，形成一个阴影，如图 4-122 所示。

图　4-122

（6）在"时间轴"面板右击，新建"形状图层 1"并将其重命名为"帆"，放置在形状图层"船身"的上方，在工具栏中选择"钢笔工具"，在"船身"的上方绘制一个"帆"，如图 4-123 所示；修改填充的"颜色"为 RGB（213，255，251），修改描边的"颜色"为 RGB（213，255，251），描边的"宽度"为 12 px。

图 4-123

（7）单击形状图层"水"，按 Ctrl+D 组合键复制一个新的形状图层并将它重命名为"水 2"，放置在形状图层"帆"的上方，填充的"颜色"为 RGB（2，202，140），"不透明度"调整为"81%"，如图 4-124 所示。

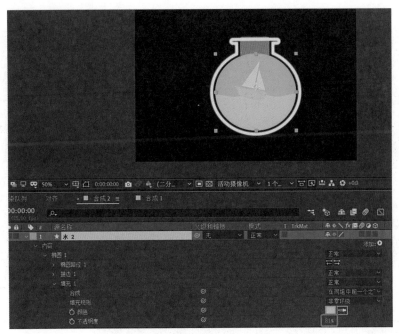

图 4-124

（8）单击形状图层"波浪遮罩"，按 Ctrl+D 组合键复制一个新的形状图层并将它重命名为"波浪遮罩 2"，放置在形状图层"水 2"的上方，打开形状图层"波浪遮罩"，单击"波形变形"，把"波形高度"修改为"-13"，"波形宽度"修改为"131"，"方向"修改为"271°"，"波形速度"修改为"0.7"，"消除锯齿"选择"低"，如图 4-125 所示。

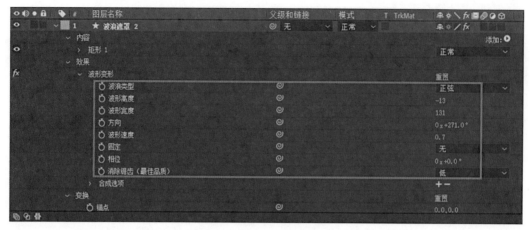

图　4-125

（9）在形状图层"水 2"中对形状图层"波浪遮罩 2"进行轨道遮罩，选择 Alpha 遮罩"波浪遮罩 2"，如图 4-126 所示。

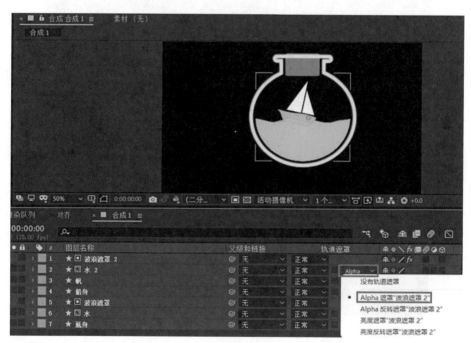

图　4-126

（10）单击形状图层"水"，按 Ctrl+D 组合键复制一个新的形状图层并将其重命名为"高光"，放置在形状图层"波浪遮罩 2"的上方，打开形状图层"高光"，删除里面的其他图层，只留下"瓶底"图层，将其重命名为"椭圆 1"，如图 4-127 所示。

图　4–127

（11）打开图层"椭圆 1"单击"填充 1"并删除，右击"添加"，单击"修剪路径"，如图 4–128 所示；将"开始"调整到 78%，"结束"调整到 90%，单击"描边 1"将"描边宽度"增加到 25，修改"描边颜色"为 RGB（213，242，250），"线段端点"选择"圆头端点"。单击"椭圆路径 1"将"大小"调整为（436.0，404.9），如图 4–129所示。

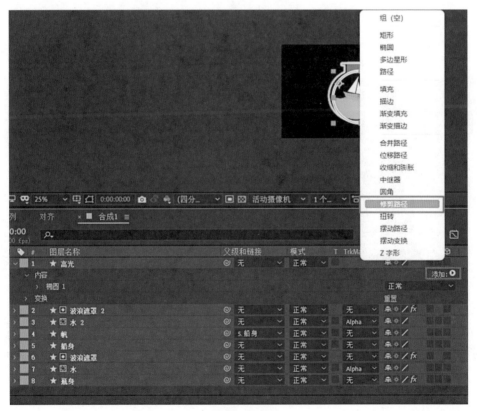

图　4–128

149

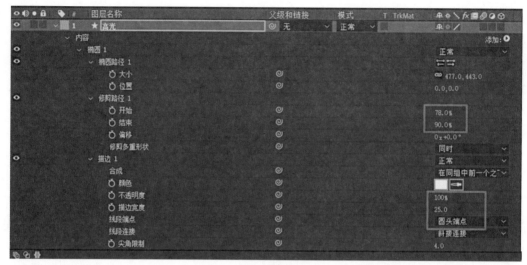

图　4-129

（12）单击图层"椭圆 1"，按 Ctrl+D 组合键复制一个新的图层并将它重命名为"椭圆 2"，单击"描边 2"，将"描边宽度"调整到 13，"线段端点"选择"圆头端点"，单击"修剪路径"，将"开始"调整到 78%，"结束"调整到 87%，"偏移"调整到（0x+201.0°），如图 4-130 所示。

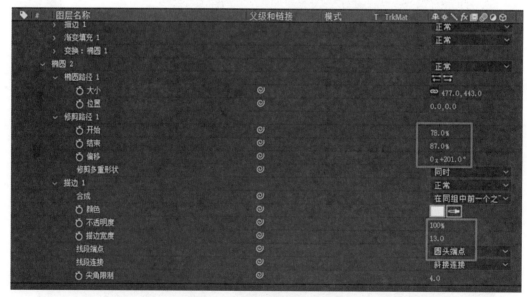

图　4-130

（13）效果如图 4-131 所示。

图　4-131

（14）单击形状图层"帆"的"父级与链接"，选择"5.船身"，如图 4-132 所示。

图　4-132

（15）单击形状图层"船身"，打开"位置"与"旋转"的关键帧，在第 0 秒时设置"位置"为（621.9，456.6），设置"旋转"为（0x+12.0°），如图 4-133 所示；在第 1 秒时设置"位置"为（678.9，470.6），设置"旋转"为（0x-8.0°），如图 4-134 所示。

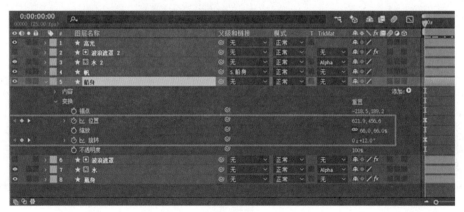

图　4-133

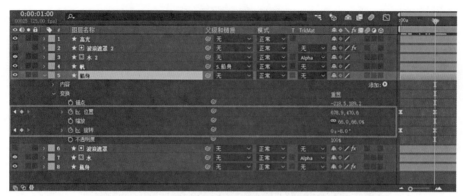

图 4-134

（16）单击"时间变化秒表"，按 Alt 键打开表达式，右击"表达式语言菜单"选择 Property 里面的 loopOut(type = "cycle", numKeyframes = 0)，启用表达式，如图 4-135 所示；将表达式里面的"cycle"改为"pingpong"，如图 4-136 所示。

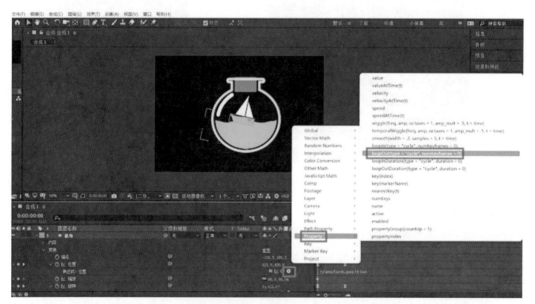

图 4-135

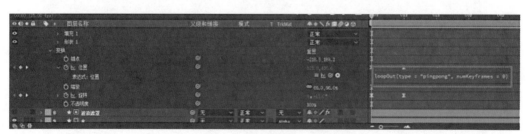

图 4-136

（17）单击"文件—保存"，再单击"文件—导出—添加到渲染队列"，最后单击渲染输出。

课后案例："爱心邮件路径循环"

根据本项目所学的知识，利用所学的弹性运动和惯性运动规律知识制作"爱心邮件路径循环"案例，效果如图 4-137 所示。

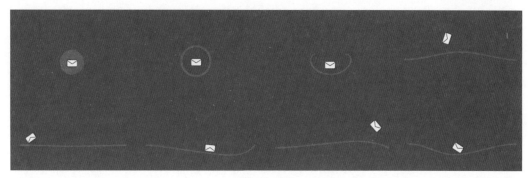

图 4-137

项目五
AE 图层类动效综合案例

导语

　　通过前面的项目学习，我们知道了制作 MG 动画需要更多的动画运动规律学习和动态美学思维方法训练。但是在使用 AE 软件制作 MG 动画过程中，不仅要掌握动态规律和美学，更要熟练掌握运用 AE 中的各种工具去制作和展现。在使用 AE 进行 MG 动画的制作中，形状图层的作用尤为重要，一部优秀的 MG 动画往往需要形状图层结合，如空对象图层、父子集关系、图表编辑器等多个功能综合运用来完成。

　　本项目利用 After Effects 软件中的形状图层、空对象、父子集关系、关键帧缓动结合图表编辑器平台以及属性内容添加项等为知识要点进行案例制作，目标是使读者通过对案例的理解和临摹，掌握 After Effects 图层类动效的相关制作技巧。

项目导引

学习目标	1. 掌握 After Effects 中各图层综合制作 MG 动效的技巧； 2. 掌握 After Effects 中关键帧缓动和图表编辑器的使用技巧； 3. 掌握 After Effects 中属性内容添加项中的功能使用技巧； 4. 掌握 After Effects 中父子集链接和遮罩等相关知识工具； 5. 熟悉 After Effects 中自由变换等相关知识学习。
思政目标	1. 使用民族设计美学激发学生爱国热情； 2. 以社会主义核心价值观为引领，引导学生在动态设计中融入中国传统美学基因，提升国家民族自信； 3. 传承和发扬工匠精神； 4. 培养审美感知能力，提升审美鉴赏能力。
训练项目	1. "小飞机路径"案例制作； 2. "白天黑夜"案例制作； 3. "手机充电"案例制作； 4. "3D 房子"案例制作。

建议学时

12 学时。

实训项目一

课堂案例"小飞机路径"

案例最终效果如图 5-1 所示。

案例完成稿 5-1

案例讲解 5-1-1

案例讲解 5-1-2

图　5-1

操作步骤：

（1）新建项目，执行新建合成；合成设置的参数宽度为 2 667 px，高度为 1 500 px，帧速率 25 帧 / 秒，持续时间为 6 秒，其余参数为默认，单击"确定"按钮，如图 5-2 所示。

图　5-2

（2）用工具栏中的"钢笔工具"绘制小飞机，分别绘制机身、前尾巴、前翅膀、后尾巴、后翅膀，如图 5-3 所示。

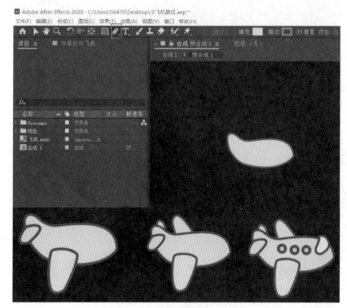

图　5-3

（3）复制机身，选择添加—合并路径，模式为相交，将小飞机的窗户和机身合并，如图 5-4、图 5-5 所示。

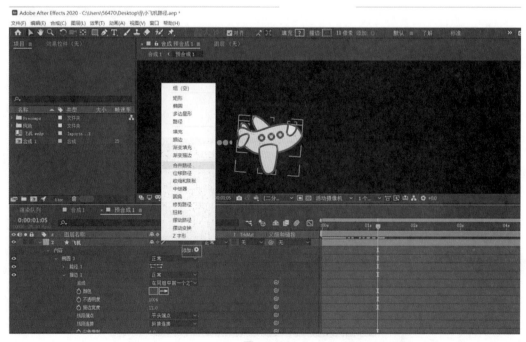

图　5-4

图 5-5

（4）用"钢笔工具"绘制路径，填充关闭，描边 37 px，颜色选择深蓝色，命名为"路径线"，如图 5-6 所示。

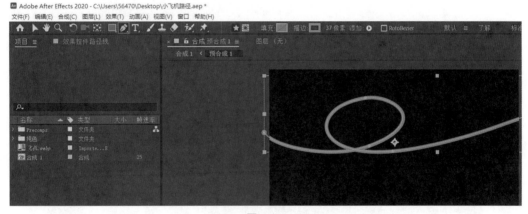

图 5-6

（5）打开内容—形状—描边—虚线和锥度，虚线的数值如下。虚线：1.0；间隙：19.0；虚线 2：0.0；间隙 2：18.0；偏移：0.0。锥度的数值如下。起始长度：100.0%；结束长度：21.0%；开始宽度：0.0%；末端宽度：0.0%；开始缓和：6.0%；结束缓和：100.0%，如图 5-7 所示。

图 5-7

（6）选择"路径线"—内容—形状 1—路径 1—路径，一定要选图中框的路径，按 Ctrl+C 组合键，复制该路径，如图 5-8 所示。

图　5-8

（7）选择飞机图层，选中向后平移（锚点）工具，将锚点移到飞机的中心（快捷键 Ctrl+Alt+Home），如图 5-9 所示。

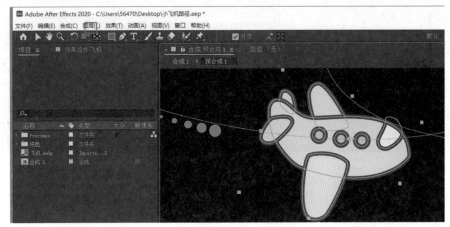

图　5-9

（8）选中"飞机"图层，在英文状态下按 P 键，单击位置，按 Ctrl+V 组合键，就会将路径直接赋予飞机了，如图 5-10 所示。

图　5-10

（9）选中"路径线"图层，单击内容—添加—修剪路径，新建修剪路径，如图 5-11 所示。

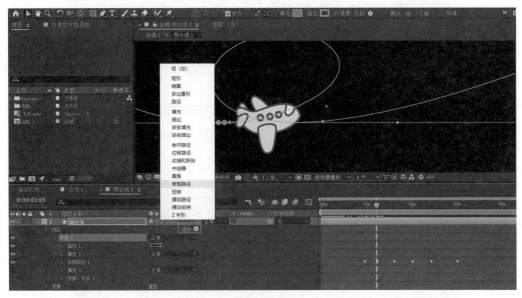

图 5-11

（10）选择"修剪路径"中的内容—形状—修剪路径，在第 1 秒打上开始和结束的关键帧，数值开始为 0.0%，结束为 0.0%，在第 30 帧处添加开始关键帧，数值为 6.8%，添加结束关键帧，数值为 13.8%。在第 40 帧添加开始关键帧，数值为 16.8%，添加结束关键帧，数值为 30.5%。在第 2 秒处添加结束关键帧，数值为 53.3%。在第 60 帧处添加结束关键帧，数值为 73.2%。在第 3 秒处添加开始关键帧，数值为 84%，添加结束关键帧，数值为 100%，如图 5-12 所示。

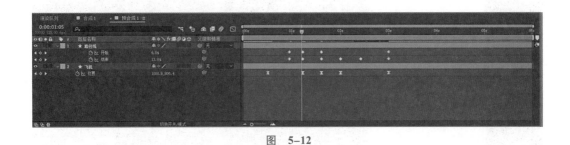

图 5-12

（11）分别给飞机和路径线添加效果和预设—透视—径向阴影，将其分别拖到"飞机"和"路径线"上，如图 5-13 所示。

159

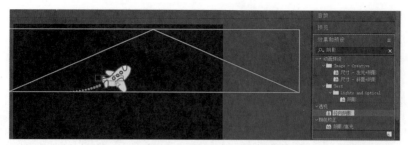

图 5-13

（12）设置径向阴影颜色为灰色，不透明度为 59.0%，光源为 2 312.0、194.0，投影距离为 24.7，柔和度为 0.0，渲染为常规，仅阴影为关，调整图层大小为关，如图 5-14 所示。

图 5-14

（13）按 Shift 键，单击路径线和飞机，选择图层—预合成，如图 5-15、图 5-16 所示。

图 5-15

图 5-16

（14）单击预合成—时间—启用时间重映射，如图 5-17 所示。

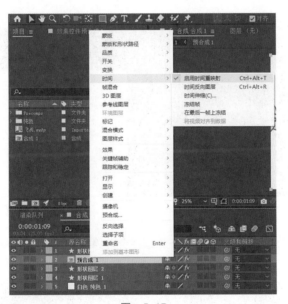

图 5-17

（15）在第 5 秒第 2 帧添加关键帧，如图 5-18 所示。

图 5-18

（16）在合成 1 中新建纯色层，颜色为浅灰色，如图 5-19 所示。

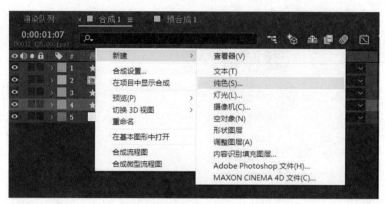

图　5-19

（17）新建形状图层，命名为云朵，选择工具栏的"椭圆工具"，绘制多个椭圆，填充为白色，描边宽度为 39 px，颜色为灰色，组成云朵，如图 5-20 所示。

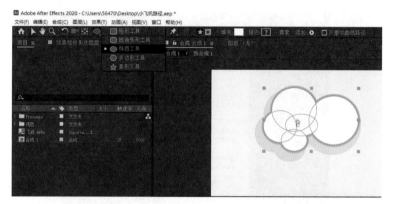

图　5-20

（18）单击形状图层的添加—合并路径，将合并路径的模式改成相加，如图 5-21 所示。

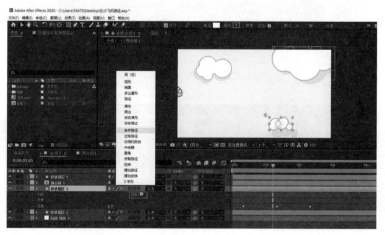

图　5-21

（19）单击形状图层，选择变换—位置，按 Alt 键，单击时间秒表，选择表达式语言菜单中的 Property 下拉 loopOut(type="cycle", numKeyframes=0)，位置在第 0 秒的指数为 543.5、318.0，位置在第 1 秒的指数为 543.5、335.0，位置在第 2 秒的指数为 543.5、318.0，如图 5-22、图 5-23 所示。

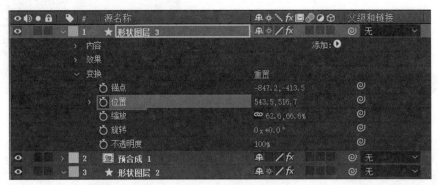

图 5-22

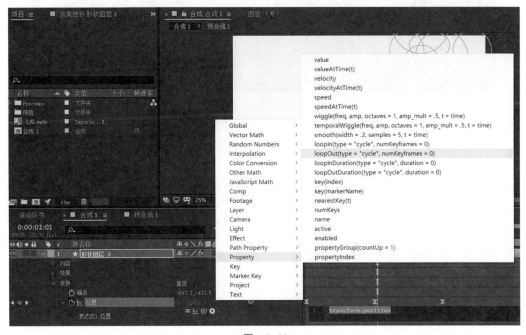

图 5-23

（20）在效果和预设中选择径向阴影，拖到云朵上，径向阴影颜色为黑色，不透明度为 14.0%，光源为 886.0、-157.0，投影距离为 7.1，柔和度为 0.0，渲染为常规，仅阴影为关，调整图层大小为关，如图 5-24、图 5-25 所示。

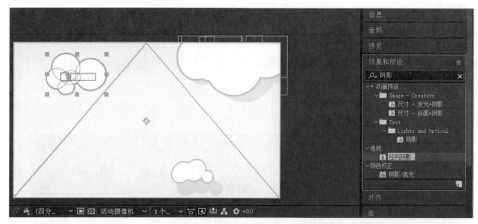

图 5-24

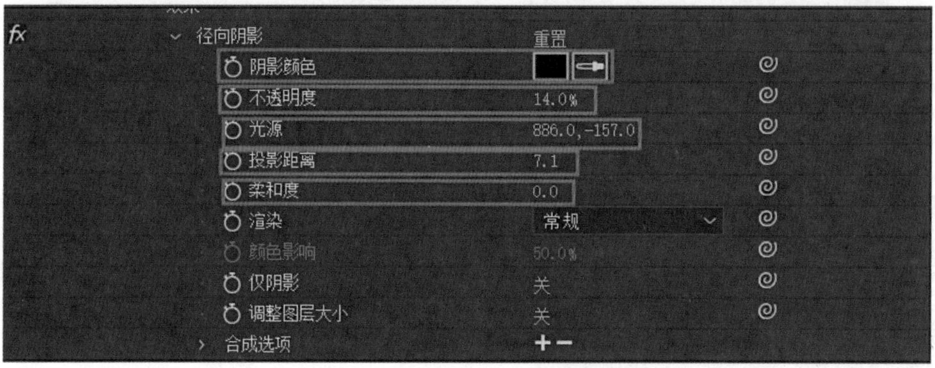

图 5-25

（21）复制两个云朵图层，调整云朵形态，如图 5-26 所示。

图 5-26

（22）选择文件—导出—添加到渲染队列，如图 5-27 所示。

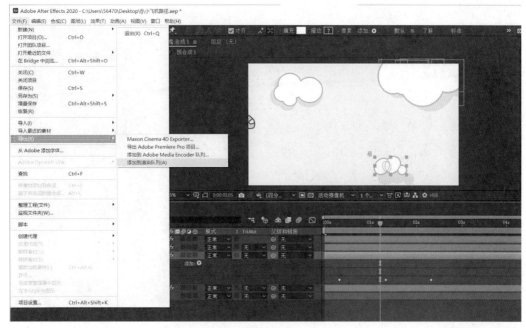

图 5-27

（23）输出模块格式为 AVI，其余设置为默认，输出到桌面并将其重命名，如图 5-28、图 5-29 所示。

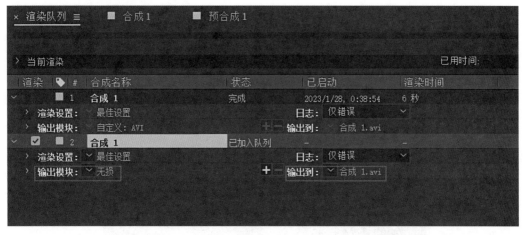

图 5-28

图 5-29

 实训项目二

课堂案例"白天黑夜"

案例最终效果如图 5-30 所示。

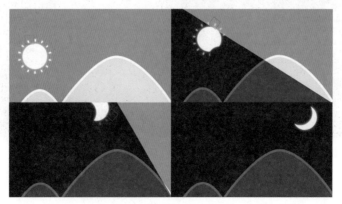

图 5-30

操作步骤：

1. 创建合成

启动 Adobe After Effects CC 2022 软件，进入操作界面，执行"新建合成"，创建一个预设为"HDTV 1080 24"的合成，并设置合成名称为"白天黑夜"，宽、高分别为 1 920 px 和 1 080 px，帧速率为 24 帧 / 秒，持续时间为 8 秒，合成的背景颜色为深色品蓝色，然后单击"确定"按钮，如图 5–31 所示。

图 5–31

2. 创建形状图层

（1）在工具栏单击"矩形工具"，绘制一个"大小"为 1 976.0、1 106.0 的矩形，生成形状图层，单击形状图层，右击选择重命名，将图层名称改为"白天"，在填充 1 中把颜色设置为蓝色，单击"变换：矩形 1"，设置其"位置"参数为 18.0、7.0，其余默认，如图 5–32 所示。

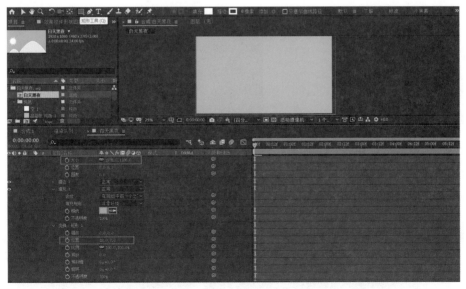

图 5–32

（2）单击"白天"形状图层，单击内容旁边的添加按钮，单击创建修剪路径，点开修剪路径，在时间轴约 00：05f 处，单击"开始"前的小秒表，并把其数值设置为17.0%，再把时间轴上的指针拖到 01：00f 处，把"开始"的数值设置为 95%。全选两个关键帧，按 F9 键。单击修剪路径下的偏移，并把数值设置为 0x+67.0°。

点开变换，设置其"位置"参数为 960.0，540.0，其余默认不变，如图 5-33 所示。

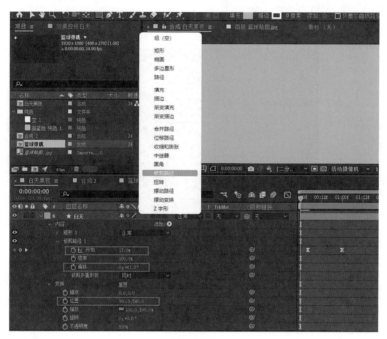

图 5-33

（3）单击形状图层"白天"，按 Ctrl+D 组合键复制图层，并将图层重命名为遮罩，如图 5-34 所示。

图 5-34

3. 创建"黑山"形状图层

（1）在工具栏，单击钢笔工具，在不选中任何图层的情况下，在"合成"窗口中绘制小山的形状，形成形状 1，单击小山形状图层，用钢笔工具在"合成"窗口中绘制一座大山，形成形状 2，并重命名形状图层为"黑山"，如图 5-35 所示。

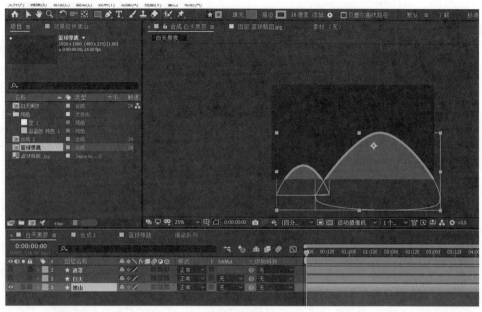

图　5-35

（2）单击形状图层"黑山"，单击内容，选择形状 1，单击描边 1，将颜色设置为深蓝，描边宽度设置为 26.0，其余不变，单击填充 1，将颜色设置为比描边更深一点的深蓝，其余不变，如图 5-36 所示。

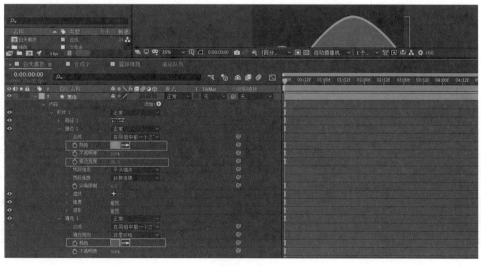

图　5-36

（3）选择形状 2，将其"颜色"设置为深蓝（可自行选择），"描边宽度"设置为26.0，其余不变，单击填充 2，将"颜色"设置为比描边更深的深蓝（可自行选择），其余不变。单击"变换"，设置其"位置"参数为 1 204.0，700.0。

（4）单击形状图层"黑山"，按 Ctrl+D 组合键复制图层，并重命名为"白山"，单击白山图层，选择形状 1，单击描边 1，将"颜色"设置为白色（可自行选择），其余不变。单击填充 1，将"颜色"设置为天蓝色（可自行选择）。选择形状 2，单击描边 2，将"颜色"设置为白色（可自行选择），其余不变。单击填充 2，将"颜色"设置为天蓝色（可自行选择），如图 5-37 所示。

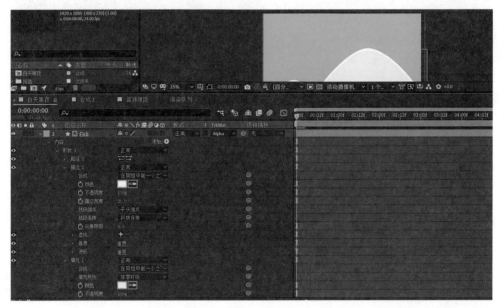

图 5-37

（5）选中"黑山"，长按左键将其放置在底层，"白天"放置在"形状图层黑"上方，"白山"放置在"白天"上方，"遮罩"图层放置在"白山"上方，如图 5-38 所示。

图 5-38

（6）单击形状图层"白山"，单击 T TrkMat 下的按钮，选择 Alpha 遮罩"遮罩"，如图 5–39 所示。

图　5–39

4. 创建"太阳"形状图层

（1）在不选择任何图层的情况下，在工具栏单击"椭圆工具"，按 Shift 键，在"合成"窗口中绘制一个圆，单击椭圆 1，单击椭圆路径 1，将其"大小"设置为 158.0、158.0，"位置"设置为 0.0、0.0，将描边 1 的"颜色"设置为白色，"描边宽度"设置为 0.0，其余不变，填充 1 的颜色设置为白色，其余不变。按 Ctrl+D 组合键复制图层为椭圆 2，如图 5–40 所示。

图　5–40

（2）单击变换：椭圆 1，将其"位置"设置为 –7.0、–75.0，其余不变，单击变换：椭圆 2，将指针移动到约 00：10f 处，单击"位置"前的小秒表，数值设置为 –160.0、–137.0，将指针移到约 01：06f 处，"位置"数值设置为 –36.0、–103.0，全选"位置"的关键帧，按 F9 键，其余不变，如图 5–41 所示。

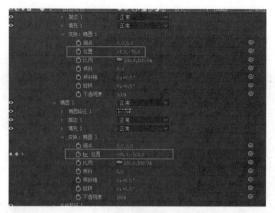

图 5-41

（3）单击内容旁边的添加按钮，添加合并路径，点开合并路径1，单击模式相减。单击内容旁边的添加按钮，添加描边，添加填充，如图5-42所示。

图 5-42

（4）在效果和预设中，在风格化里找到"发光"效果，单击"发光"效果，将"发光"效果拖动至"太阳"图层，如图5-43所示。

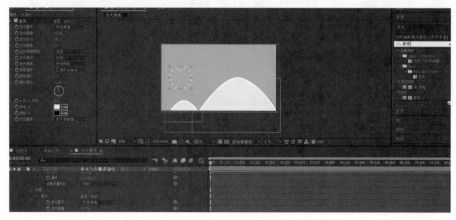

图 5-43

（5）单击"发光"效果，将发光阈值设置为92.5%，发光半径设置为32，发光强度设置为1.7，其余不变。单击变换按钮，将"不透明度"前的小秒表关闭，并把数值设置为100%，如图5-44所示。

图 5-44

5. 创建太阳光图层

（1）单击"太阳"图层，按Ctrl+D组合键复制图层，重命名为"太阳光"图层，单击"太阳光"图层，单击椭圆路径1，将其"大小"设置为200.0、200.0，"位置"设置为0.0、0.0，单击描边1和填充1前面的眼睛，点开变换：椭圆1，将"位置"数值设置为-7.0、-75.0，"不透明度"设置为64%。其余不变，如图5-45所示。

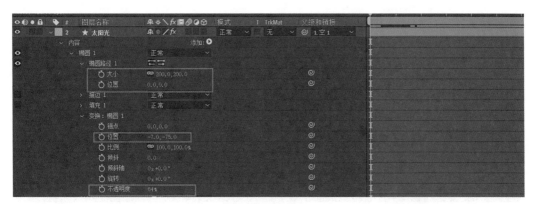

图 5-45

（2）在"图层面板"中选择太阳光图层，单击添加按钮，单击渐变描边，如图5-46所示。

173

图 5-46

（3）单击渐变描边 1，在合成中选择在同组中前一个之上，将时间轴中的指针移到约 00：10f 处，单击"起始点"前面的小秒表，数值设置为 0.0、0.0，将时间轴中的指针移到约 01：06f 处，"起始点"数值设置为 −313.3、0.0，全选起始点的两个关键帧，按 F9 键，将"结束点"数值设置为 550.0、0.0，描边宽度设置为 15.0，点开虚线，单击三下虚线旁边的 ＋ 号，将虚线设置为 8.0，间隙设置为 37.0，偏移设置为 1 040.0，如图 5-47 所示。

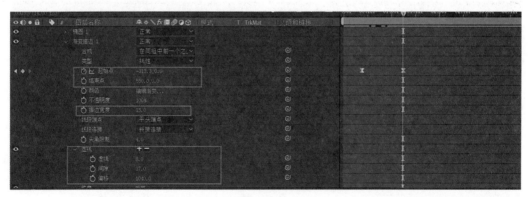

图 5-47

（4）单击太阳光图层，单击添加按钮，添加修剪路径，如图 5-48 所示。

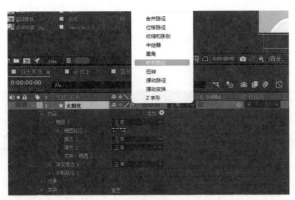

图 5-48

（5）单击修剪路径 1，将时间轴中的指针移到约 00∶10f 处，单击"开始"前面的小秒表，数值设置为 0.0%，将时间轴中的指针移到约 01∶06f 处，"起始点"数值设置 100%，全选"开始"的两个关键帧，按 F9 键，将偏移值设置为 0x+232.0°，如图 5-49 所示。

图 5-49

（6）单击"发光"，将"发光阈值"设置为 16.5%，"发光半径"设置为 24.0，"发光强度"设置为 1.0，"发光操作"设置为相加，其余不变，如图 5-50 所示。

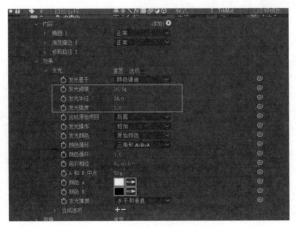

图 5-50

（7）单击太阳光图层中的变换，将"缩放"设置为180.0%，180.0%。将指针移动到约00∶10f处，单击"不透明度"前面的小秒表，数值改为100%，将指针移动到约00∶16f处，"起始点"数值设置为0%，如图5-51所示。

图 5-51

6. 创建空对象

（1）在"图层面板"中空白处右击，创建纯色层，高度分别设置为1 920 px和1 080 px，颜色设置为白色，其余不变，并重命名为空1，将其移动到顶层，点开变换，单击"位置"和"旋转"前面的小秒表，将指针移动到00∶10f处，"位置"和"旋转"的数值分别设置为312.0，485.0，0x-180°，将指针移动到01∶06处，分别将"位置"和"旋转"的数值设置为1 572.0,233.0,0x+0.0，并全选"位置"和"旋转"的关键帧，按F9键做缓动。将锚点设置为-7.0，-75.0，不透明度设置为0%。

（2）把路径拉成有弧度的曲线，单击图层前面的小眼睛，如图5-52所示。

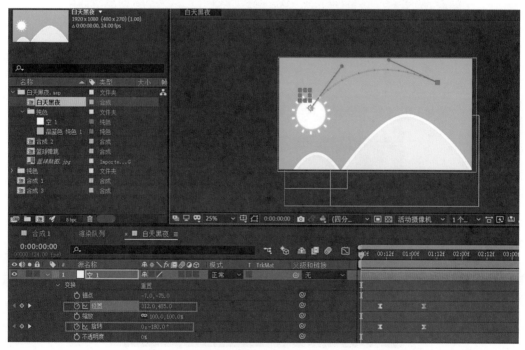

图 5-52

（3）单击"太阳光"图层和"太阳"图层，运用父级和链接，将"太阳光"图层和"太阳"图层链接到空1图层，如图5-53所示。

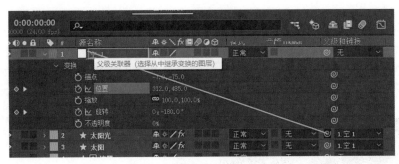

图　5-53

7. 渲染导出

（1）进入AE的操作界面，单击左上角的"文件（F）"，单击导出，选择添加到渲染队列（A），如图5-54所示。

图　5-54

（2）进入渲染界面后，单击"渲染"即可导出，如图5-55所示。

图　5-55

实训项目三

课堂案例 "手机充电"

案例最终效果如图 5-56 所示。

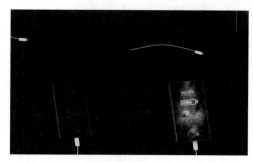

图 5-56

 实训项目四

课堂案例 "3D 房子"

案例最终效果如图 5-57 所示。

图 5-57

课后案例："MG 文字滚动"

案例完成稿 5-5

　　根据本项目所学的知识，利用所学的 AE 形状图层结合空对象制作"MG 文字滚动"案例，效果如图 5-58 所示。

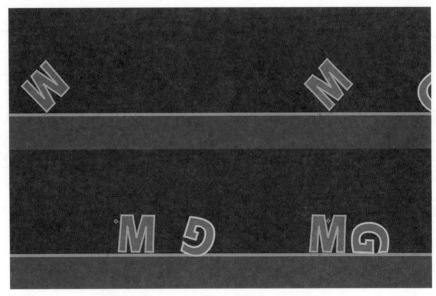

图　5-58

项目六
MG 动画动态视觉实战案例

 导语

在新媒体不断更新、信息获取越来越简捷、生活节奏越来越快的现代社会，作为"短平快"的代表，MG 动画的应用范围越来越广，其独特的表现形式越来越受到广大设计爱好者的喜爱。在当今市场，MG 动画能为企业带来创作方面的效益，其特点主要包括制作成本低、直观的广告宣传效应、风格多样易于传播、直白易懂使广告变得更有趣。

本项目从广告宣传动态视觉下选择了动态海报制作和 MG 动画广告短片制作两个实际案例进行分解，从而使读者熟悉 MG 动画的应用领域和利用 After Effects 软件来制作相关案例的技巧。

项目导引

学习目标	1.熟悉动态海报的制作技巧； 2.掌握动态海报在 AE 平台中的制作技巧； 3.熟悉 MG 动画广告短片制作流程； 4.掌握 MG 动画短片动态场景制作技巧。
训练项目	1."百年峥嵘"案例制作； 2."美味炸鸡的秘密"案例制作。

 **建议学时**

20 学时。

任务一　动态海报制作

 学习目标

1. 熟悉动态海报的设计流程。
2. 掌握动态海报在 AE 平台中的制作技巧。
3. 熟悉动态海报的设计要点。

 思政目标

1. 引导学生以社会主义核心价值观为引领，提升对国家的文化自信。
2. 培养学生专业团队协作能力。
3. 引导学生关爱社会、服务社会。
4. 传承和发扬工匠精神。
5. 培养审美感知能力，提升审美鉴赏能力。

 相关知识

一、什么是动态海报

动态海报，顾名思义，就是平面海报动态化，在视觉上符合平面海报的设计原则，在技术上使用的是动画制作的手段。随着新媒体技术的发展和终端的普及，动态海报将会是海报设计发展的必然趋势。

二、动态海报的设计要点

（一）动态表达的选择

平面海报的视觉组成三要素为文字、图形、色彩；在选择海报动态化时，设计师必须清楚如何在有限的时间内让受众获取海报的信息，因此，在制作动态效果时，关键信息如文字等尽量不要做动态运动或者做轻微动态运动；图形在做动态效果时需要做循环运动。这样就方便受众获得关键信息，从而达到广告的目的。

（二）记住构成的原则

构成就是研究图形之间的组合规律，设计师从视觉审美的角度出发，设计图形之间的美感，从而解剖出图形间最基本的构成要素，如构图的形式，骨骼中的重复、渐变、特异、聚散等。在设计动态海报时，我们需要在构成的形式美感的前提下进行动态构成设计，从而使杂乱无章的动态运动在构成的影响下变得有序、统一。

（三）关注运行的媒介

动态海报一般在电脑、手机和户外显示屏等新媒体终端投放，因此在制作动态海报时需要事先清楚海报的制作规格，从而方便设计者的拆解重构策略。

 实训项目

课堂案例"百年峥嵘"

案例最终效果如图 6-1 所示。

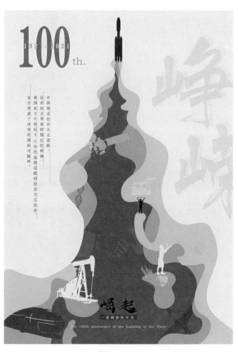

图 6-1

操作步骤：

1. 导入平面海报到 AE

（1）启动 Adobe Illustrator 2021，使用钢笔、文字等工具绘制海报，如图 6-2 所示。

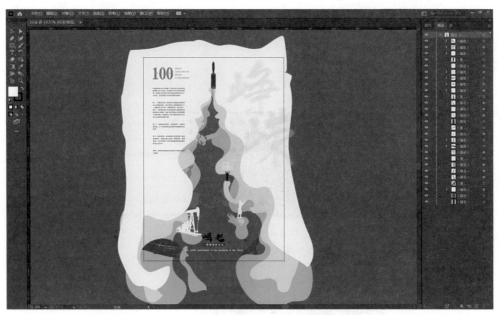

图 6-2

（2）在 AI 中对图层进行处理，选中最上方图层，单击右上角，如图 6-3 所示。

（3）单击释放到图层（顺序），如图 6-4 所示。

（4）将图层全部拖拽出来，把文件另存为"50- 释放图层"，如图 6-5 所示。

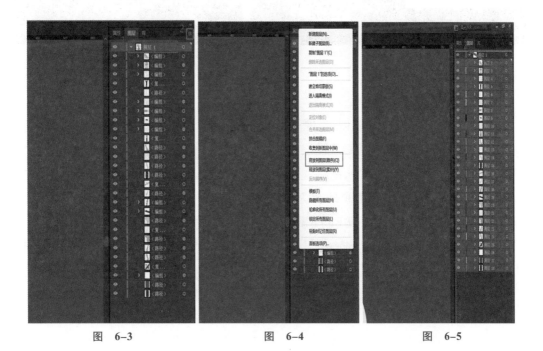

图 6-3　　　　　　　　　图 6-4　　　　　　　　　图 6-5

（5）启动 Adobe After Effects CC 2022，单击"文件—导入—文件"，如图 6-6 所示，选择"50-释放图层"导入，如图 6-7 所示，这时候会出现提示对话框，导入种类选择"合成"，如图 6-8 所示。

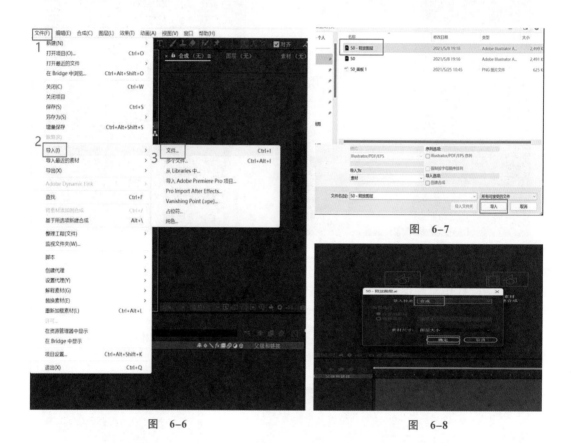

图　6-6

图　6-7

图　6-8

2. AE 图层处理

（1）选择"图层 3"，按 Enter 键将其重命名为"文本框"；选择"图层 4"，按 Enter 键重命名为"峥嵘"；选择"图层 5"，按 Enter 键将其重命名为"黑人"；选择"图层 2"，按 Enter 键重命名为"水稻"；选择"图层 6"，按 Enter 键将其重命名为"白人"；选择"图层 7"，按 Enter 键重命名为"WTO"；选择"图层 8"，按 Enter 键重命名为"100"；选择"图层 9"，按 Enter 键将其重命名为"下文本"；选择"图层 10"，按 Enter 键重命名为"发电机"；选择"图层 11"，按 Enter 键将其重命名为"火箭"；选择"图层 16"，按 Enter 键重命名为"卫星"；选择"图层 18"，按 Enter 键将其重命名为"DNA"；选择"图层 19"，按 Enter 键重命名为"潜水艇"；选择"图层 21"，按 Enter 键将其重命名为"石油"；选择"图层 25"，按 Enter 键重命名为"天眼"；选择"图层 26"，按 Enter 键将其重命名为"握手"；选择"图层 27"，按 Enter 键重命名为"背景"，如图 6-9 所示。

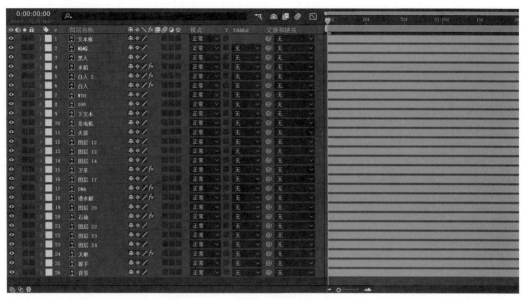

图 6-9

（2）把"文本框""峥嵘"两个图层置于顶层并锁定，如图 6-10 所示。

图 6-10

（3）选择"黑人"图层，右击"创建—从矢量图层创建形状"创建"黑人"轮廓，如图 6-11 所示。

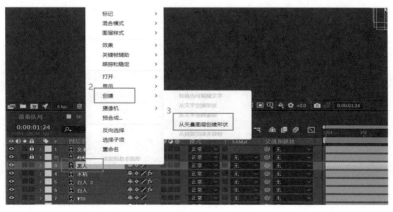

图 6-11

（4）同理，创建"图层12"轮廓、"图层13"轮廓、"图层14"轮廓、"图层17"轮廓、"图层20"轮廓、"图层22"轮廓、"图层23"轮廓、"图层24"轮廓，如图6-12所示。

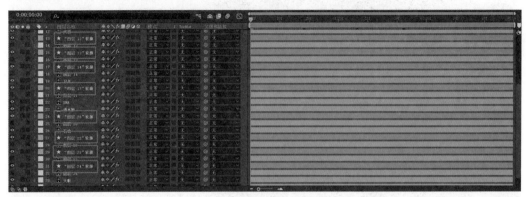

图 6-12

3. 制作主体部分动画

1）制作左下角水波纹动画

（1）选择"图层12"轮廓图层，在第0帧激活路径关键帧记录器，如图6-13所示。

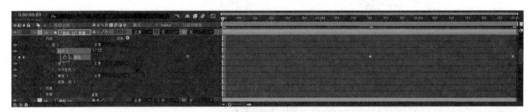

图 6-13

（2）选择"图层12"轮廓图层第1秒第15帧，使用钢笔工具修改路径绘制一个水波纹形状图形，如图6-14所示。

图 6-14

（3）选择"图层 12"轮廓图层，按 Ctrl+C 组合键复制第 0 帧内容，把时间轴拖到第 2 秒第 29 帧，按 Ctrl+V 组合键粘贴，制作一个帧动画使水波纹形状动起来的效果，如图 6-15 所示。

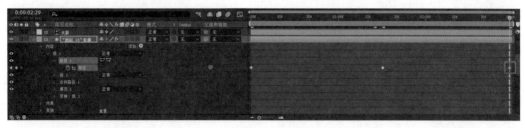

图　6-15

2）制作第一层背景动画

（1）选择"图层 13"轮廓图层，在第 0 帧激活路径关键帧记录器，如图 6-16 所示。

图　6-16

（2）选择"图层 13"轮廓图层第 1 秒第 15 帧，使用钢笔工具修改路径绘制第一层背景水波纹形状图形，如图 6-17 所示。

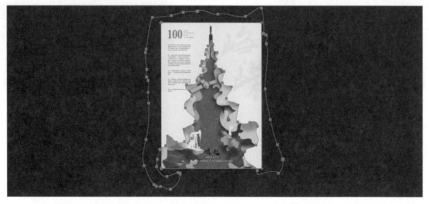

图　6-17

（3）选择"图层 13"轮廓图层，按 Ctrl+C 组合键复制第 0 帧内容，把时间轴拖到第 2 秒第 29 帧按 Ctrl+V 组合键粘贴，制作一个帧动画使第一层背景水波纹形状动起来的效果，如图 6-18 所示。

3）制作第二层右半边背景动画

（1）选择"图层 14"轮廓图层，在第 0 帧激活路径关键帧记录器，如图 6-19 所示。

图　6-18

图　6-19

（2）选择"图层 14"轮廓图层第 1 秒第 15 帧，使用钢笔工具修改路径绘制第二层右半边背景水波纹形状图形，如图 6-20 所示。

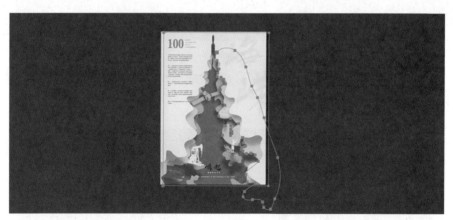

图　6-20

（3）选择"图层 14"轮廓图层，按 Ctrl+C 组合键复制第 0 帧内容，把时间轴拖到第 2 秒第 29 帧按 Ctrl+V 组合键粘贴，制作一个帧动画使第二层右半边背景水波纹形状动起来的效果，如图 6-21 所示。

图　6-21

4）制作第二层左半边背景动画

（1）选择"图层 17"轮廓图层，在第 0 帧激活路径关键帧记录器，如图 6-22 所示。

图　6-22

（2）选择"图层 17"轮廓图层第 1 秒第 15 帧，使用钢笔工具修改路径绘制第二层左半边背景水波纹形状图形，如图 6-23 所示。

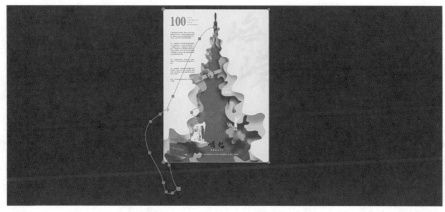

图　6-23

（3）选择"图层 17"轮廓图层，按 Ctrl+C 组合键复制第 0 帧内容，把时间轴拖到第 2 秒第 29 帧按 Ctrl+V 组合键粘贴，制作一个帧动画使第二层左半边背景水波纹形状动起来的效果，如图 6-24 所示。

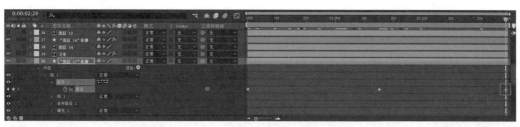

图　6-24

5）制作白人脚底第一层动画

（1）选择"图层 20"轮廓图层，在第 0 帧激活路径关键帧记录器，如图 6-25 所示。

图　6-25

（2）选择"图层 20"轮廓图层在第 1 秒第 15 帧，使用钢笔工具修改路径绘制白人脚底第一层水波纹形状图形，如图 6-26 所示。

图　6-26

（3）选择"图层 20"轮廓图层，按 Ctrl+C 组合键复制第 0 帧内容，把时间轴拖到第 2 秒第 29 帧按 Ctrl+V 组合键粘贴，制作一个帧动画使白人脚底第一层水波纹形状动起来的效果，如图 6-27 所示。

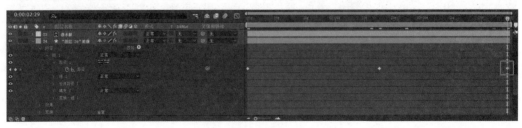

图　6-27

6）制作白人脚底第二层动画

（1）选择"图层22"轮廓图层，在第0帧激活路径关键帧记录器，如图6-28所示。

图 6-28

（2）选择"图层22"轮廓图层在第1秒第15帧，使用钢笔工具修改路径绘制白人脚底第二层水波纹形状图形，如图6-29所示。

图 6-29

（3）选择"图层22"轮廓图层，按Ctrl+C组合键复制第0帧内容，把时间轴拖到第2秒第29帧按Ctrl+V组合键粘贴，制作一个帧动画使白人脚底第二层水波纹形状动起来的效果，如图6-30所示。

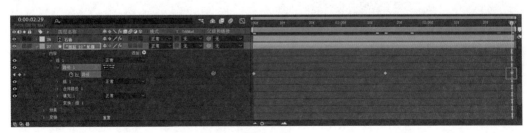

图 6-30

7）制作第三层左半边背景动画

（1）选择"图层23"轮廓图层，在第0帧激活路径关键帧记录器，如图6-31所示。

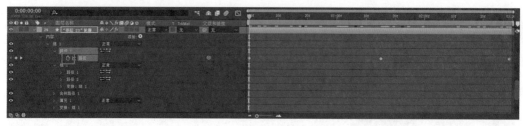

图 6-31

（2）选择"图层23"轮廓图层第1秒第15帧，使用钢笔工具修改路径绘制第三层左半边背景水波纹形状图形，如图6-32所示。

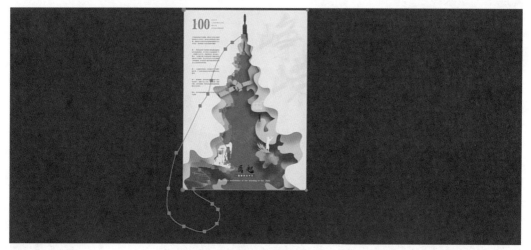

图 6-32

（3）选择"图层23"轮廓图层，按Ctrl+C组合键复制第0帧内容，把时间轴拖到第2秒第29帧按Ctrl+V组合键粘贴，制作一个帧动画使第三层左半边背景水波纹形状动起来的效果，如图6-33所示。

图 6-33

8）制作第三层右半边背景动画

（1）选择"图层24"轮廓图层，在第0帧激活路径关键帧记录器，如图6-34所示。

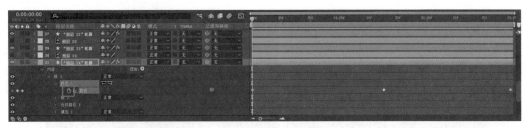

图　6－34

（2）选择"图层24"轮廓图层在第1秒第15帧，使用钢笔工具修改路径，如图6-35所示。

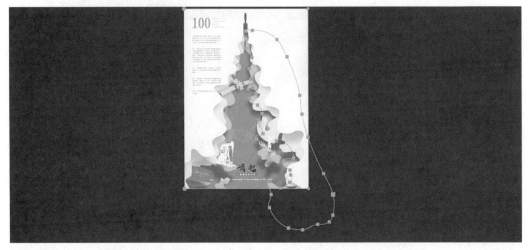

图　6－35

（3）选择"图层24"轮廓图层，按 Ctrl+C 组合键复制第0帧内容，把时间轴拖到第2秒第29帧按 Ctrl+V 组合键粘贴，制作一个帧动画使第三层右半边背景水波纹形状动起来的效果，如图6-36所示。

图　6－36

4. 制作其余部分动画

（1）在效果和预设面板中搜索"径向阴影"，如图6-37所示。

（2）选择"黑人"轮廓图层执行"效果—透视—径向投影"菜单命令，然后在"效果控件"面板中展开，设置阴影颜色为RGB（0，65，93），调整光源位置为（594.5，359.8）投影距离为10.0，柔和度为50.0，如图6-38所示。

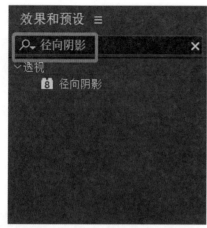

图　6-37

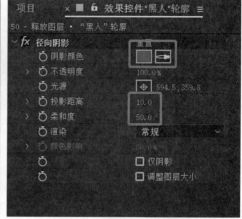

图　6-38

（3）选择"黑人"轮廓图层—效果—径向阴影，按快捷键 Ctrl+C 复制，分别在"黑人"轮廓图层、水稻图层、白人 2 图层、白人图层、"图层 12"轮廓图层、"图层 13"轮廓图层、"图层 14"轮廓图层、卫星图层、DNA 图层、潜水艇图层、"图层 20"轮廓图层、石油图层、"图层 22"轮廓图层、"图层 23"轮廓图层、"图层 24"轮廓图层、天眼图层，按快捷键 Ctrl+V 粘贴径向阴影效果，如图 6-39 所示。

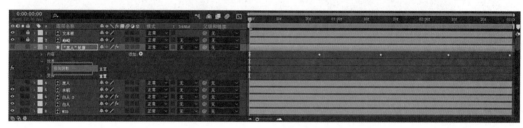

图　6-39

（4）"黑人"轮廓部分。

①选择"黑人"轮廓图层，在第 0 帧激活路径关键帧记录器，如图 6-40 所示。

图　6-40

②选择"黑人"轮廓图层，在第 24 帧使用钢笔工具修改路径 1 和路径 2，如图 6-41、图 6-42 所示。

图 6-41 图 6-42

③选择"黑人"轮廓图层，在第 1 秒第 15 帧使用钢笔工具修改路径 1 和路径 2，如图 6-43、图 6-44 所示。

图 6-43 图 6-44

④选择"黑人"轮廓图层，在第 2 秒第 8 帧使用钢笔工具修改路径 1 和路径 2，如图 6-45、图 6-46 所示。

图 6-45 图 6-46

⑤选择"黑人"轮廓图层，在第 2 秒第 29 帧使用钢笔工具修改路径 1 和路径 2，如图 6-47、图 6-48 所示。

图　6-47　　　　　　　　　　　　　图　6-48

（5）白人部分。

①选择"白人"图层，按 Ctrl+D 组合键复制"白人 2"图层，如图 6-49 所示。

图　6-49

②在"时间轴"面板中选择"白人"图层，使用钢笔工具绘制创建蒙版制作白人本体部分，如图 6-50 所示。

图　6-50

③在"时间轴"面板中选择"白人 2"图层，使用钢笔工具绘制创建蒙版制作锤子部分，如图 6-51 所示。

图 6-51

④选择"白人 2"图层,在第 0 秒设置"变换—旋转"为（0,+0.0°）,在第 14 帧设置"变换—旋转"为（0,-34.0°）,在第 1 秒设置"变换—旋转"为（0,+23.9°）,在第 1 秒第 16 帧设置"变换—旋转"为（0,+0.0°）,在第 2 秒第 1 帧设置"变换—旋转"为（0,-34.0°）,在第 2 秒第 26 帧设置"变换—旋转"为（0,+0.0°）,在第 2 秒第 16 帧设置"变换—旋转"为（0,+23.9°）,在第 2 秒第 29 帧设置"变换—旋转"为（0,+0.0°）,并激活关键帧记录器制作一个白人锤锤子的动画,如图 6-52 所示。

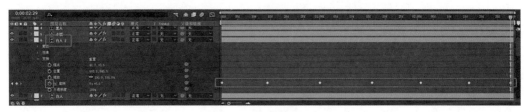

图 6-52

（6）火箭部分。

①选择"火箭"图层,在第 0 秒设置"变换—位置"为（416.0,106.6）,"变换—不透明度"为 100%,在第 2 帧设置"变换—位置"为（415.0,106.6）,在第 4 帧设置"变换—位置"为（416.0,106.6）,"变换—不透明度"为 90%,激活关键帧记录器,并按 F9 键把关键帧的插值变为贝塞尔曲线,如图 6-53 所示。

图 6-53

②选择"火箭"图层,右击框选,然后按 Ctrl+C 组合键复制框选内容,如图 6-54 所示。

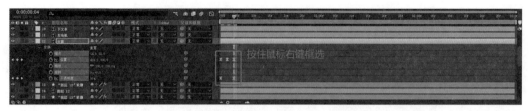

图　6-54

③选择"火箭"图层拖动时间轴到第 4 帧，按 Ctrl+V 组合键粘贴，如图 6-55 所示。

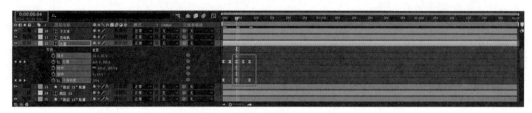

图　6-55

④选择"火箭"图层分别拖动时间轴到第 8 帧、第 12 帧、第 16 帧、第 20 帧、第 24 帧、第 28 帧、第 1 秒第 2 帧、第 1 秒第 6 帧、第 1 秒第 10 帧、第 1 秒第 14 帧、第 1 秒第 18 帧、第 1 秒第 22 帧、第 1 秒第 26 帧、第 2 秒、第 2 秒第 4 帧、第 2 秒第 8 帧、第 2 秒第 12 帧、第 2 秒第 16 帧、第 2 秒第 20 帧、第 2 秒第 24 帧、第 2 秒第 28 帧，按 Ctrl+V 组合键粘贴制作火箭上下运动的效果，如图 6-56 所示。

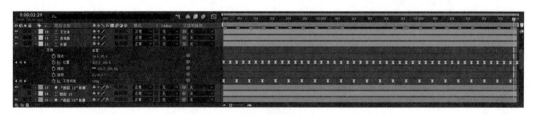

图　6-56

（7）卫星部分。选择"卫星"图层，在第 0 秒设置"变换—位置"为（340.9，494.8），在第 1 秒第 2 帧设置"变换—位置"为（352.9，532.8），在第 2 秒设置"变换—位置"为（381.4，499.5），在第 2 秒第 29 帧设置"变换—位置"为（340.9，494.8），并激活关键帧记录器制作卫星三角运动效果，如图 6-57、图 6-58 所示。

图 6-57

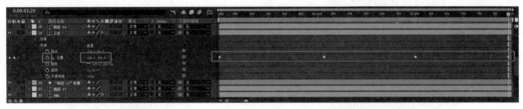

图 6-58

（8）DNA 部分。选择"DNA"图层，在第 0 秒设置"变换—位置"为（283.0，678.6），在第 20 帧设置"变换—位置"为（287.0，693.6），在第 1 秒第 15 帧设置"变换—位置"为（283.0，678.6），在第 2 秒第 8 帧设置"变换—位置"为（279.0，663.6），在第 2 秒第 29 帧设置"变换—位置"为（283.0,678.6），并激活关键帧记录器，如图 6-59、图 6-60 所示。

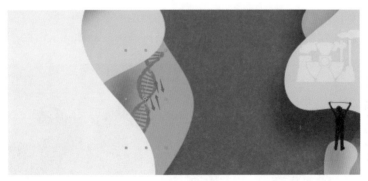

图 6-59

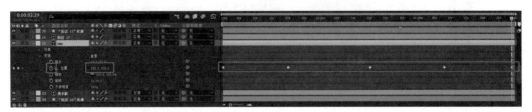

图 6-60

（9）潜水艇部分。选择"潜水艇"图层，在第 0 秒设置"变换—位置"为（-17.0，1 070.0），"变换—缩放"为（85.0%，85.0%），"变换—不透明度"为 70%，在第 1 秒第 18 帧设置"变换—不透明度"为 100%，在第 2 秒第 29 帧设置"变换—位置"为（29.0，1 058.0），"变换—缩放"为（100.0%，100.0%），"变换—不透明度"为 100%，并激活关键帧记录器制作潜水艇运动效果，如图 6-61、图 6-62 所示。

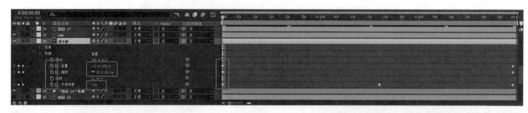

图　6-61

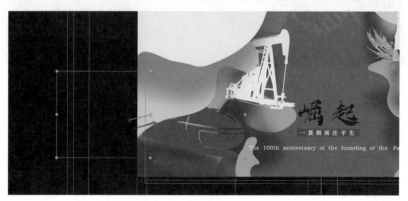

图　6-62

（10）石油部分。

①选择"石油"图层，使用钢笔工具绘制创建蒙版，如图 6-63 所示。

图　6-63

②选择"石油"图层"蒙版—蒙版 1—蒙版路径"在第 0 帧激活关键帧记录器，如图 6-64 所示。

图　6-64

③选择"石油"图层在第 2 秒第 29 帧使用钢笔工具修改路径，制作石油采集器工作的动画，如图 6-65 所示。

图　6-65

5. 渲染并输出动画

（1）选择文件—导出—添加到渲染队列。

（2）进入渲染界面后，设置输出模块格式为 AVI，其余设置为默认单击"渲染"完成。

任务二　MG 广告短片场景案例制作

 学习目标

1. 熟悉 MG 动画短片制作流程。

2. 熟悉分镜头脚本的编写。

3. 掌握 MG 动画短片动态场景制作技巧。

 思政目标

1. 引导学生以社会主义核心价值观为引领，融入红色基因等设计元素，提升学生对国家的文化自信。

2. 培养学生专业团队协作能力。

3. 引导学生遵守职业操守和行业规范。

 相关知识

MG 广告短片制作流程

一个完整的 MG 动画短片制作大致可以归结成以下五步。

一、撰写剧本

撰写剧本首先要进行的是查询大量的资料。资料找齐全后，编辑撰写文案。MG 短片的文案，最重要的是两点：语句精简准确（用来压缩短片时长）；文字画面感强（方便设计师绘制画面）。

二、美术设定

根据设定完成该片主要的人物造型、画面色调、画面风格设计。一般情况下根据文案脚本，先把短片里所有出现的人物统一画出来，然后确定色调。美术设定是一个非常重要的过程，直接影响画面效果，如图 6-66 所示。

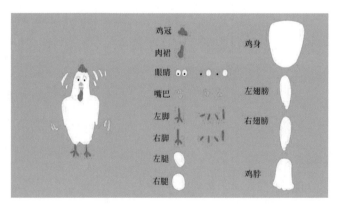

图 6-66

三、原画分镜

美术设定做好后，开始根据脚本大批量地绘制分镜。其基本要求是精确到一句话一张图。以 5 分钟的短片为例，原画分镜能够多达 80 页，如表 6-1 所示。

表 6-1　美味炸鸡的秘密分镜头脚本

镜号	摄法	时长	画面内容	对白（旁白）	音效	音乐	备注
1	推镜头（远景—全景）	5s	 小鸡们在开心地玩耍		鸡鸣声、鸟叫声		地点：农场
2	固定镜头	3s	 人们走路		脚步声		地点：农场
3	固定镜头	1s	 栅栏被打开		开栅栏声		地点：农场
4	固定镜头	4s	 农场主拖着麻袋往左走		脚步声		地点：农场
5	固定镜头	3s	 几只鸡往左跑走		鸡鸣声，羽毛拍打声		地点：农场
6	固定镜头（全景—特写）	4s	 一只鸡待在原地，被抓住，露出惊恐的表情				地点：农场 特写位置：小鸡的眼睛

203

镜号	摄法	时长	画面内容	对白（旁白）	音效	音乐	备注
7	固定镜头	3s	弱鸡被抓进了小笼子，旁边是一群大胖鸡		笼子掉落声，鸡鸣声		地点：屠宰场 镜头细节：笼子先掉落，再是小鸡掉入笼子
8	推镜头（全景—近景）	3s	小鸡流下眼泪，并被抓走		鸡鸣声		地点：屠宰场 镜头细节：在笼子里
9	固定镜头	2s	小鸡进入传送带		鸡鸣声，传送带声		地点：屠宰场 镜头细节：传送带，红布
10	固定镜头	2s	小鸡从传送带出来		鸡鸣声，传送带声		地点：屠宰场 镜头细节：传送带，红布
11	固定镜头	3s	传送带和红布被撤走，小鸡在大刀下变成鸡块		鸡鸣声，机器运转声		地点：屠宰场 镜头细节：大刀，鸡块，传送带，红布
12	跟随镜头（跟随鸡块的运动）	2s	鸡块掉落在火炉上		掉落特效声		地点：厨房 镜头细节：气泡特效，火炉
13	推镜头	3s	鸡块在火炉上逐渐烤熟		烤熟声，火炉烤火后铁锈运动声		地点：厨房 镜头细节：鸡块的颜色由红变黄，火炉里的气泡特效逐步覆盖画面

四、动画制作

分镜画好以后，需要使这些画面"动"起来，使用的主要软件是 AE。按照原画分镜要求，使动画动起来，同时考虑动画节奏。一句话有多长，动画就要刚好多长，掌握不好节奏，就会让片子拖沓或者急躁。

五、配音剪辑

动画完成后配音、配乐。配音完成后，使用剪辑软件配对完成好的动画，加背景音乐，加音效，加字幕。

一部 5 分钟 MG 动画短片，团队工作需要 10 天左右。但投放自媒体平台要求较低的 MG 动画短片，制作周期可能在 2~4 天。

 实训项目

课堂案例："美味炸鸡的秘密"

操作步骤：

场景一：在农场里有一群快乐的小鸡，小鸡们在开心地玩耍（5 秒）。

案例完成稿 6-2

（1）太阳落下，云从右往左移动，大雁向上飞翔，鸡毛飘落，小鸡们挥动翅膀、移动，如图 6-67 所示。

图 6-67

①给太阳、云朵、小鸡、羽毛、每个大雁都建立预合成，在各自的预合成里调整它们的位置，如图 6-68~ 图 6-71 所示。

图　6-68

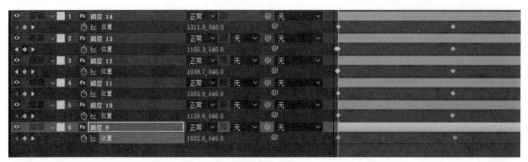

图　6-69

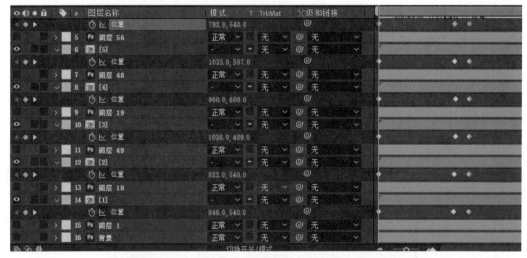

图　6-70

图　6-71

②在小鸡的预合成里再给每只小鸡建立预合成，调整小鸡翅膀、脚等肢体的位置变化，如图6-72、图6-73所示。

图　6-72

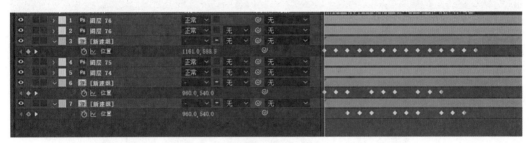

图　6-73

③在每个大雁的预合成里，对它们的翅膀进行旋转，如图 6-74、图 6-75 所示。

图　6-74

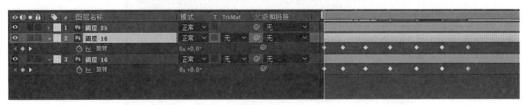

图　6-75

④对于羽毛，在每个羽毛图层中，选中其效果的操控，进行"操控—网格—变形"的步骤，调整变形里面羽毛的位置。之后，再打开其变换，调整它们的位置和旋转，如图 6-76 所示。

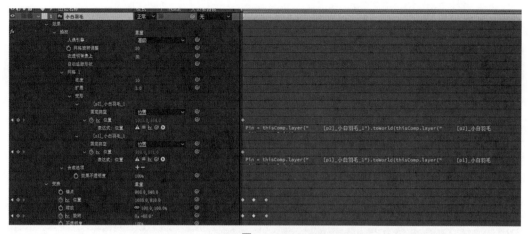

图 6-76

（2）在第1幅运动场景中，将摄像机拉大，使小鸡们的运动更清楚，如图6-77所示。

图 6-77

场景二：来了一群人，开始抓小鸡，小鸡四处逃窜，一只瘦弱的小鸡被抓走了（15秒）。

（1）切换镜头，人物的脚从右往左走，树叶飘动，如图6-78所示。

图 6-78

①用 Duik Bassel 插件绑定树叶运动，如图 6-79 所示。

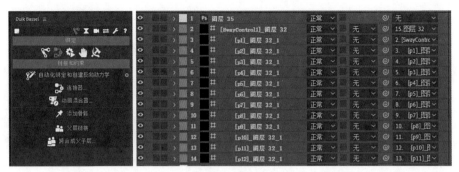

图　6-79

②用 AutoSway 自动摇摆中文版，给树叶绑定骨骼，选择其效果的操控，按步骤"操控—网格—变形"，发现变形中有图钉的位置，改变其位置，如图 6-80 所示。

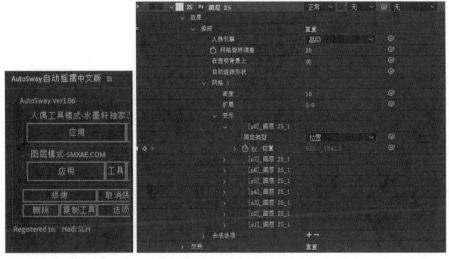

图　6-80

③对图层中的所有腿部都进行预合成，再对每一双腿进行预合成，调整图层里变换的位置和旋转，如图 6-81 所示。

图　6-81

（2）切换镜头，栅栏从里往外，如图 6-82 所示。

图　6-82

将栅栏预合成，打开左右两边栅栏的 3D 图层，调整它们的位置和方向，如图 6-83、图 6-84 所示。

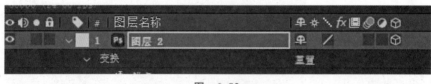

图　6-83

图　6-84

（3）切换镜头，农场主拿着麻袋从右往左走，其中衣服和手需要摆动，如图 6-85 所示。

图　6-85

绑定人物骨骼，运用 Duik Bassel 插件，之后调整其运动位置变化。方式如前面的树叶飘动和脚步一样，如图 6-86 所示。

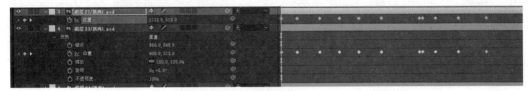

图　6-86

（4）切换镜头，云从右往左移动，羽毛飘落，小鸡们挥动翅膀从右往左移动，如图 6-87 所示。

图　6-87

①通过移动云的位置属性，来制作云层飘动的动画。

②建立一个预合成，将每一只鸡图层都放入其中，通过 Duik Bassel 插件，将小鸡们的总体运动轨迹制作好。

③给每只鸡建立预合成，对小鸡的动作进行调整，通过改变它们的翅膀、脚的运动方式、表情的引号出现等，使小鸡运动更流畅，如图 6-88、图 6-89 所示。

图　6-88

211

图 6–89

④羽毛的运动，和场景一的制作方式相同。

（5）切换镜头，云从右往左移动，羽毛飘落，一只小鸡站在中间，细微表情变化，"汗水"从鸡的背后出来，同时，手从右往左伸出，抓住这只鸡，将鸡举起，镜头将鸡的眼神拉大，如图 6-90 所示。

图 6–90

①调整云的位置变化。

②对羽毛的运动进行改变。

③使小鸡的动作细微变化。通过用 AutoSway 自动摇摆中文版，对鸡的鸡冠和肉裙进行图钉绑定，使其飘动起来。嘴巴的位置移动调整，以及身后表情引号的大小变化进行调整，如图 6-91~ 图 6-93 所示。

图 6–91

图 6–92

图 6–93

④手臂的运动轨迹从右往左，到了小鸡背后，隐藏原本手的形态，显示握住小鸡的手势。调整手的不透明度和位置变化，如图 6-94、图 6-95 所示。

图　6-94

图　6-95

⑤在抓到鸡的时候，对鸡的脚的位置进行调整，展现出走路的形态。

⑥将鸡和整只手预合成，并且在此基础上进行上下位置变化和旋转。

⑦建立一个摄像机，打开预合成图层的 3D 图层，将锚点对准鸡的眼距中间，拉大图层的大小。

场景三：小鸡被抓进了小笼子，旁边是一群大胖鸡，小鸡在哭泣（6秒）。

（1）切换镜头，笼子从上往下掉落，羽毛也从上往下掉落，稻草飘动，两只大肥鸡翅膀挥动，同时它们的表情也开始变化。之后，一只瘦小的鸡从上往下掉落，伴随着它的翅膀挥动，如图 6-96 所示。

图　6-96

①羽毛飘落，步骤如前面的场景。

②通过移动笼子的位置属性，来制作笼子掉落的动画。

③用 AutoSway 自动摇摆中文版，对稻草打上图钉，进行位置调整，使其运动更加流畅。

④给两只大肥鸡建立一个预合成，再给每只鸡建立预合成，在每个预合层里进行动作调整，对它们的翅膀、鸡冠等部位调整，如前面的场景步骤。

⑤对小鸡的掉落位置进行改变，使它正好掉落在笼子里面，在这个过程中，它的翅膀等部位也要进行位置、旋转上的变化，操作见前面的场景步骤。

（2）摄像头拉近，放大小鸡的神情，小鸡落下眼泪，之后它往右移动，如图 6-97 所示。

图 6-97

①给整片段建立预合成，建立 3D 图层，添加摄像机，将锚点对准小鸡的眼距中间，拉大图层的大小，使小鸡的上半身占满屏幕。

②在这个基础上，对小鸡的鸡冠、嘴巴等部位进行运动调整，通过调整眼泪的位置、大小、不透明度等，展现出小鸡落泪的场景。

③对小鸡整体位置进行改变，将它从左向右移动，直至消失在屏幕，如图 6-98 所示。

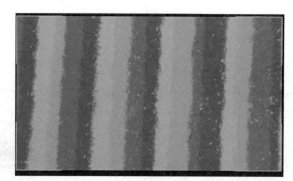

图 6-98

场景四：小鸡被送上传送带，向右传送到车间制作成美味的鸡块（12 秒）。

（1）切换镜头，小鸡在传送带上从左往右移动，传送带的轮子旋转移动，传送带的链子也往右移动，右边的红布飘动，小鸡整体左右摇摆，眼睛一眨一眨发生变化，进入红布之后，红布往右飘动，直至不见，如图 6-99 所示。

图 6-99

①建立一个预合成，里面复制多个轮子，并对它们依次旋转相同的度数，如图 6-100 所示。

图　6-100

②将轨道纹路拉长，并向右移动，展现轨道运动的状态，如图 6-101、图 6-102 所示。

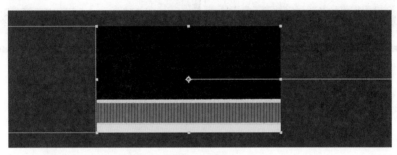

图　6-101

图　6-102

③用 AutoSway 自动摇摆中文版，给红布打点，使其飘动，并在鸡经过它后向右旋转直至出画面，如图 6-103、图 6-104 所示。

图　6-103

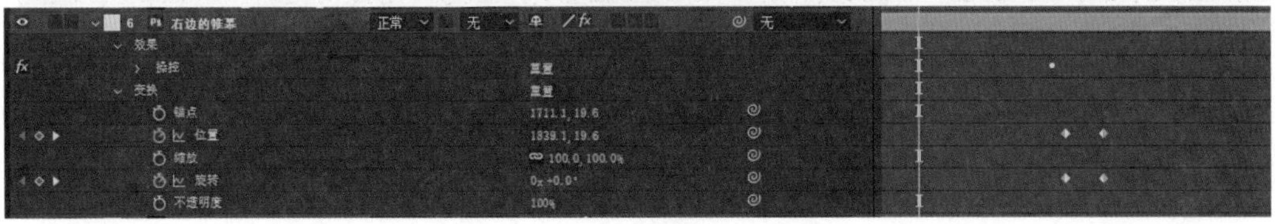

图　6-104

④建立一个预合成，使鸡的身体和身后的表情气泡在一个文件夹里。改变鸡的肢体动作，在预合成图层上对旋转按钮进行调整，使它展现摇晃的感觉。身后的气泡通过大小、旋转变化，使鸡的表情更加凸显惊慌。

（2）红布往左飘动直至不见，如图 6-105 所示。

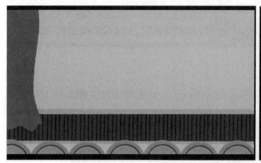

图　6-105

①和前面场景的右红布一样，对左红布进行打点和位置、旋转的调整，直至红布消失，如图 6-106 所示。

图　6-106

②在鸡的预合成的图层上，对其位置进行改变，将鸡调整到画面中间。

③将轨道和轮子下拉，直至出画面，如图 6-107 所示。

图　6-107

（3）小鸡挥动翅膀，画面底部出现锯齿，从左往右呈扇形挥动，将小鸡遮住之后，原来的部分露出来变成了鸡块，如图 6-108 所示。

图　6–108

①给锯子整体建立一个预合成，在预合成里，对锯子的齿轮等进行旋转，如图 6-109 所示。

图　6–109

②对锯子整体进行旋转，锯子手柄在画面中间下方，锚点固定在手柄上，使锯子从左往右旋转，呈弧形，如图 6-110 所示。

图　6–110

③当锯子覆盖住鸡后，露出的是生鸡块。通过改变鸡和生鸡块的透明度来交替变化。

（4）鸡块往下掉落，如图 6-111 所示。调整鸡块的位置和旋转方向，如图 6-112 所示。

图　6–111

图　6–112

（5）切换镜头，鸡块掉落在烤炉上，同时画面中的气泡也在挥动，烤炉的火飘动，如图 6-113 所示。

图　6-113

①对每个鸡块的位置和旋转进行打点，利用 Motion Tools 2，给每个鸡块添加运动轨迹，使其掉在烤炉上有弹出的感觉，如图 6-114、图 6-115 所示。

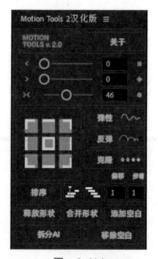

图　6-114

图　6-115

②通过"效果—摆动—位置"的步骤，对火苗的摆动幅度进行调整，并对变换里的缩放也进行改变，使火的运动变得自然，如图 6-116 所示。

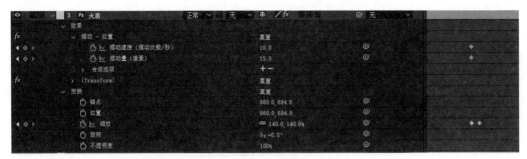

图　6–116

③白色气泡的变化和前面的场景气泡步骤相同。

（6）气泡消失，镜头将烤炉和鸡块拉大，火上的白色气泡逐渐变大，直至覆盖整个画面，如图 6–117 所示。

图　6–117

①将气泡的透明度降到最低，使其在画面中消失。

②将火上的白色气泡透明度逐渐拉大，伴随其本身大小也在变大，直至覆盖整个画面。

（7）鸡块烤熟，如图 6–118 所示。

图　6–118

①将覆盖整个画面的白色气泡透明度调整为 0。

②将熟鸡块放在生鸡块底部，将生鸡块的透明度降到最低，伴随着熟鸡块的透明度拉到最大。

案例完成稿 6-3

课后案例："百年远航"

根据本项目所学的知识，利用所学的动态海报设计思路制作"百年远航"案例，效果如图 6-119 所示。

图　6-119

参考文献

[1] 智云科技 . After Effects CC 特效设计与制作 [M]. 2 版 . 北京：清华大学出版社，2020.

[2] 刘力溯，陈明红 . After Effects CC 2017 影视后期特效实战 [M]. 北京：清华大学出版社，2018.

[3] 敬伟 . After Effects 2022 从入门到精通 [M]. 北京：清华大学出版社，2022.

[4] 朱逸凡 . MG 动画制作基础培训教程 [M]. 北京：人民邮电出版社，2022.

[5] 麓山文化 . 零基础学 MG 动画制作 [M]. 北京：人民邮电出版社，2019.

[6] 周彦鹏，孟庆林 . 动画运动规律 [M]. 北京：清华大学出版社，2016.

[7] 郑斌 . After Effects 动态图形设计 [M]. 北京：人民邮电出版社，2020.

[8] 铠辉 . After Effects 移动 UI 动效制作与设计精粹 [M]. 北京：人民邮电出版社，2021.

[9] 孙慧 . 动画运动规律 [M]. 3 版 . 大连：大连理工大学出版社，2019.

[10] 吕凌翰 . 中文版 After Effects 2021 入门教程 [M]. 北京：人民邮电出版社，2022.

[11] 刘智杨 . MG 动画设计案例教程 [M]. 北京：人民邮电出版社，2022.

[12] 张爱华，李竟仪 . 动画运动规律 [M]. 上海：上海人民美术出版社，2021.

[13] 崔勇，杜静芬 . 艺术设计创意思维 [M]. 北京：清华大学出版社，2016.

[14] 徐鹏 . 全链路 UI 设计 [M]. 北京：人民邮电出版社，2021.

教师服务

感谢您选用清华大学出版社的教材！为了更好地服务教学，我们为授课教师提供本书的教学辅助资源，以及本学科重点教材信息。请您扫码获取。

≫ 教辅获取

本书教辅资源，授课教师扫码获取

 清华大学出版社

E-mail: tupfuwu@163.com
电话：010-83470332 / 83470142
地址：北京市海淀区双清路学研大厦 B 座 509

网址：https://www.tup.com.cn/
传真：8610-83470107
邮编：100084